miroirs !

Ouvrage d'Alex Nikolavitch, dirigé par André-François Ruaud, et mise en page par Mérédith Debaque, sous une couverture et avec des ornements de Melchior Ascaride.

Photographie de fond et de bordures de page : *Midnight starry night with forest of evergreen trees,* ©Freepik

Distribution-diffusion : La Diff / Hachette Livre
www.moutons-electriques.fr
ISBN 978-2-36183-945-1

TOUT L'IMAGINAIRE DES

COSMONAUTES !

ALEX NIKOLAVITCH

SOMMAIRE

PRÉAMBULE : LE CRÉPUSCULE DES COSMONAUTES

Le 21 juillet 1969, près d'un demi-milliard de personnes se trouvent devant leur téléviseur. Le spectacle qui s'offre à eux n'est pourtant pas très exaltant visuellement : une image tremblotante, étrangement contrastée, floue, un spectre sautillant, un bibendum informe à la voix métallique ponctuée de bips. Et pourtant, ces gens regardent leur écran d'une façon quasi religieuse, en retenant leur souffle. Certains ont veillé jusqu'à une heure indue et ont même appelé leurs enfants devant la lucarne.

Il faut dire que le spectre s'appele Neil Armstrong, et qu'il vient de poser le pied sur la Lune, un satellite naturel orbitant à près de 400 000 kilomètres au-dessus du plus proche téléspectateur. C'est un exploit jamais vu, survenant pourtant à la fin d'une décennie riche en exploits du même genre. C'est une nouvelle limite qui vient d'être atteinte, une nouvelle frontière. L'humanité retient son souffle et sent confusément s'ouvrir une ère nouvelle.

Et pourtant, en posant le pied sur la Lune, Neil Armstrong vient de mettre fin à la course à l'espace, et au lieu d'ouvrir une nouvelle ère d'exploration, il annonce la fin de l'époque des pionniers, même s'il l'ignore encore. Dans la décennie qui suit, le « réalisme » autoproclamé des gestionnaires reprend graduellement le dessus. Au lieu des énormes fusées, on met en place un programme de navettes supposément plus rationnel. Les nouveautés produites grâce à l'exploration spatiale s'avèrent très prosaïques. Ce sont les aliments lyophilisés, les couches-culottes, le GPS, le logiciel cartographique qui permet de voir sa maison depuis le ciel et le téléphone portable qui permet de rompre par SMS même lorsque madame est à Singapour ou à Rio.

Le temps a passé. En l'an 2000, un acteur ayant fait carrière en incarnant un commandant de station orbitale apparaît dans une publicité expliquant pourquoi on n'a pas besoin de voitures volantes, vu qu'on a plein de solutions d'e-business qui permettent de faire des affaires sans se déplacer. Quand on tape Armstrong dans un moteur de recherche, on a cinq à huit fois plus de chances de tomber sur un coureur cycliste à l'éthique douteuse que sur un astronaute ayant laissé la marque de sa botte dans la poussière immuable de l'astre des nuits. Il y aura eu quatre fois plus de personnes pour regarder à la télévision le mariage du fils de Lady Di qu'il n'y en avait eu pour l'exploit d'*Apollo 11*.

L'imaginaire a changé d'objet.

Il a peut-être même changé de nature.

On a pu croire, au tournant des années 2000, alors que la militarisation de la société allait croissant, et que les crises écologiques devenaient une préoccupation majeure, à la mort du rêve des étoiles. Peut-être même à son assassinat. On se trouvait tenté, et nombre de commentateurs ont cédé à cette tentation, la nécrologie.

Mais même s'il n'y a pas encore de « planète B », l'explorateur de l'espace semble avoir repris du poil de la bête. Une nouvelle course à l'espace s'est lancée, mais ses concurrents ne sont plus les mêmes.

INTRODUCTION : DANS L'ESPACE, PERSONNE NE VOUS ENTEND RESPIRER. SAUF VOUS.

« La Terre est le berceau de l'humanité, mais on ne passe pas sa vie entière dans un berceau. »
Constantin Tsiolkovski (1857-1935)

Cosmonaute, astronaute, sélénaute, taïkonaute, et autres dénominations en « naute » renvoient à une seule et même réalité : celle de l'homme quittant le confort douillet de sa planète pour affronter le vide. Faire la distinction, d'ailleurs, c'est renvoyer aux frontières géographiques et linguistiques, mais surtout politiques, de notre belle planète bleue. C'est pourquoi nous nous contenterons de du premier de ces termes, celui qui désignait les tout premiers des explorateurs de l'infini : cosmonaute, titre porté par Youri Gagarine lors de son vol à bord de *Vostok I*.

Le cosmonaute du monde réel est bien défini dans l'esprit du public. On le voit régulièrement aux informations, que ce soit à l'occasion d'un tir de fusée, d'une interview à bord d'une station orbitale ou d'un atterrissage dans les plaines du Kazakhstan, à l'issue duquel on extrait d'une cloche de métal carbonisée un homme pataud, rendu incapable de tenir sur ses jambes par une trop longue exposition à l'apesanteur et par le poids de son lourd équipement, très malcommode dès que la gravité reprend ses droits.

Capsule, navette, scaphandre, tenue de vol, compte à rebours, autant d'élément qui « font » le cosmonaute. Si le Silver Surfer ou Luke Skywalker parcourent le cosmos, on voit au premier coup d'œil qu'ils n'appartiennent pas à la même vision de l'espace que David Bowman, dans *2001*, ni même que Barbicane, le président du *Gun Club* imaginé par Jules Verne dans *De la Terre à la Lune*. Les premiers appartiennent au monde de ce qu'on appelle généralement le *space opera*, un récit d'aventures spatiales dont le réalisme scientifique n'est pas la priorité[1]. Comme on le verra, la frontière entre histoires de cosmonautes et de héros galactiques est pourtant floue et loin d'être étanche, mais il reste évident que Lone Sloane et John Carter de Mars échappent à notre propos, même s'ils peuvent parfois contribuer à l'éclairer ; c'est pourquoi il faudra aussi explorer ces nuances et, à la façon du docteur Gregory House, poser une sorte de diagnostic différentiel.

Pour le cosmonaute, l'espace n'est pas un endroit que l'on parcourt en tout sens comme une autoroute balisée, il est un milieu infini, infiniment étranger et infiniment hostile. L'espace est l'ailleurs par excellence, dans lequel la trop grande familiarité et le sens de la routine tuent, exactement comme en montagne, au pôle Sud ou en haute mer.

L'espace, c'est une frontière, et même la Nouvelle Frontière, pour reprendre l'expression du président Kennedy au moment où il promettait d'envoyer des Américains sur la Lune en moins de dix ans[2]. Une frontière physique autant que spirituelle, qui nous sépare d'un milieu autre, dans lequel les repères qui nous semblent les plus basiques et les plus évidents se dissolvent : haut et bas sont des notions qui perdent là-haut tout sens

1 Et qui a de surcroît été traité chez le même éditeur, dans l'ouvrage *Space Opera ! L'imaginaire spatial avant 1977*.

2 Ils l'ont d'ailleurs fait. Mais la plaque commémorative qu'ils ont laissée sur l'astre des nuits porte le nom de son vieil adversaire, Richard Nixon. L'Histoire a parfois de délicieuses ironies.

concret, et c'est un univers où la force d'inertie n'est plus compensée par la gravitation, un monde où l'organisme lui-même ne fonctionne plus tout à fait de la même façon. C'est aussi un monde qui s'étend à l'infini, et dans lequel les « lieux » sont de minuscules petits points dispersés dans une quantité astronomique de rien. Mais cette infinité qui pourrait rendre agoraphobe est en fait compensée par le côté terriblement renfermé des capsules, navettes et autres scaphandres dont on ne saurait se passer.

Pourtant, avant que ne se soient décantés ces éléments à présent indissociables de la figure du cosmonaute partant à l'assaut du ciel, il a fallu explorer le firmament, par l'esprit puis par le calcul, et finalement en y envoyant des trucs et des machins. Ce fut un processus long et tortueux, et c'est cette évolution de la vision des cieux qui accoucha finalement du cosmonaute tel qu'on le connaît aujourd'hui, avec des précurseurs qui ont pour nom Moïse, Colomb ou Cyrano.

Interiorillo par Gray Morrow, années 1960

CHAPITRE 1 : SUR LA TERRE, MAIS PAS TOUT À FAIT COMME AU CIEL.

« Car il faut bien qu'on sache qu'il a été démontré, d'une manière générale, qu'aucun corps ne peut exister en dehors de ce monde. »
Aristote

Depuis l'aube de l'humanité, l'homme a toujours levé la tête et regardé le ciel. Et comme l'homme est un être doué d'imagination, il eut vite fait de nommer ce qu'il voyait en haut, de le classer, et de projeter dessus idées et croyances. C'est cette capacité à la projection qui a d'ailleurs doté les constellations de noms poétiques comme le Lion, la Vierge ou la Grande Ourse. Et qui d'ailleurs les fait exister tout court. On l'oublie trop souvent, mais les constellations sont une pure vue de l'esprit. Elles n'ont en tant que telles aucune réalité physique, ce sont des images et des structures qui dépendent du point de vue local de l'observateur. Ces étoiles qu'on projette « à plat » sur la voûte céleste existent dans un univers à trois dimensions, et sont parfois très éloignées les unes des autres. Ces images n'existent que dans nos têtes.

Dans la pensée primitive, et aussi loin que remonte notre mémoire collective, le ciel est le domaine des dieux. C'est un espace ineffable, siège du sacré. C'est un lieu différent, pas pareil, autre, quasi abstrait, d'une nature fondamentalement étrangère à l'homme et aux contingences bassement terrestres. Qu'il soit le système gigogne de sphères cristallines que postulent les philosophes grecs ou la toile de tente percée de petits trous des chamanes eurasiens, on ne peut donc parcourir le ciel que par l'esprit. Y voyager physiquement n'a même pas de sens, c'est un concept abstrait, et on ne le visite que par la pensée, ou alors, comme le font les chamanes pour entrer en conversation avec les dieux, sous l'influence de vapeurs ou de plantes, lors de transes. Ses explorateurs y fréquentent les esprits de la nature, les âmes des morts, mais pas d'entités concrètes ou solides.

Le ciel est la demeure de puissances que l'homme ne peut rencontrer que ponctuellement, et dont la fréquentation assidue rend fou. Des mythes comme celui d'Icare ou de Phaéton se chargent de rappeler à ceux qui en doutent, s'il en était besoin, que voyager dans les cieux c'est encourir un terrible châtiment. Le grand péché de la pensée grecque est l'hubris, le fait de s'élever au-dessus de sa place assignée dans l'ordre des choses. Lorsque l'homme se porte au niveau des dieux, il est puni de la plus dure des façons. Icare se brûle les ailes en allant chatouiller l'astre du jour, et Phaéton est frappé par la foudre après avoir emprunté le chariot du soleil et abusé des pouvoirs qui l'accompagnaient.

Dans la Bible, le Babylonien Nemrod est châtié pour avoir tenté de construire une tour atteignant les hauteurs célestes, et l'humanité tout entière paye le prix de son audace.

Jacob, le patriarche de la Genèse, contemple en rêve la circulation des anges sur une échelle montant vers Dieu. Parfois, de rares élus ont accès au ciel à leur tour, comme Moïse ou le prophète Élie qui y montent au moment de leur mort, ou comme Jésus, un peu plus tard. Mais c'est pour ne jamais en redescendre, ou alors sous une forme transformée, éphémère, divinisée. En accédant au ciel, ces élus échappent à jamais au monde des hommes.

Le ciel demeure un lieu où s'élaborent les mystères du monde, et le monde lui-même n'est souvent vu que comme son reflet déformé, une ombre imparfaite des splendeurs d'en haut.

Quelques voix discordantes, comme celle de Plutarque (46-125 après Jésus-Christ) voient dans la Lune et éventuellement dans d'autres corps célestes des mondes peu ou prou semblables au nôtre, d'autres terres dans le ciel, chacune au centre de son propre univers. Plutarque lève même l'objection soulevée par ceux qui s'étonnaient alors que la Lune, si elle est matérielle, ne retombe pas vers la Terre en l'expliquant par sa vitesse de rotation autour de cette dernière, une vue étonnamment moderne qui ne sera d'ailleurs pas remarquée ni suivie avant longtemps.

Hormis Lucien de Samosate (120-180) qui raconte un débarquement sur la Lune dans son *Histoire véritable*, nul ne va imaginer que le terrain y soit praticable. Et Lucien lui-même ne voit son récit que comme une satire de l'obsession du vrai et de la prétention documentaire dans les récits de voyageurs souvent apocryphes qui fleurissent à l'époque, ou des descriptions d'animaux délirants juré-craché-c'est-vrai de Pline. L'*Histoire véritable* n'est conçue dès le départ, et reçue par son public, que comme une absurdité délibérée et absolue. C'est une parodie, un anti-voyage, une manière de ridiculiser ces bêtes fabuleuses que Pline décrit sans les avoir vues en les présentant pourtant comme authentiques.

Le ciel est encore, et de façon générale, considéré par ceux qui s'y intéressent comme irréductible à l'homme et trop parfait. L'astronome Claude Ptolémée (90-168) y projette les formes parfaites de la géométrie et de la philosophie grecques pour formaliser un système complexe et abstrait qu'il faut pas mal torturer pour qu'il corresponde aux observations, le résultat de ces triturations étant l'Almageste, une somme astronomique compilant et mettant en ordre les observations et recherches antérieures des Chaldéens ou d'Hipparque (199-120 avant notre ère), qui fera longtemps autorité.

On peut noter que le système est suffisamment au point pour être raisonnablement prédictif. Les astronomes peuvent s'y fier pour repérer les positions d'un certain nombre d'objets célestes.

Pourtant, des objets épars comme la machine d'Anticythère (difficile à dater, mais remontant apparemment au troisième siècle avant notre ère) démontrent une appréhension très fine de bien des mécanismes célestes, réduits à des rapports mathématiques par un enchevêtrement très complexe de petits engrenages de bronze. Ces rouages sont le plus ancien mécanisme d'horlogerie du monde. On ne sera plus capable d'en fabriquer d'aussi élaborés avant la Renaissance.

Les conceptions géocentriques de l'époque ne permettent pourtant pas de bâtir un modèle tout à fait cohérent ni élégant du système solaire, et encore moins de l'univers qui l'entoure. La pensée astronomique est

La machine d'Anticythère, calendrier astronomique d'une hallucinante précision, attribué à l'école d'Archimède.

encore prisonnière des sphères de cristal d'Aristote et de la philosophie grecque.

Aristarque de Samos (au troisième siècle avant notre ère) et Hypatie d'Alexandrie (deux siècles après Ptolémée) ont beau proposer des systèmes plus conformes à la réalité, avec le Soleil au centre des choses, ils ne sont pas entendus : Ptolémée reste la référence absolue et indéboulonnable pour plus d'un millénaire. Tous ceux de ses successeurs, Arabes puis Occidentaux, qui se proposeront de réformer son système ne le feront qu'à la marge, en tentant d'en réduire les incohérences, sans le remettre en cause sur le fond. Chaque ajout ne fait que le complexifier encore davantage. Et son contenu reste immatériel et abstrait.

Mais notons au passage que dès le xe siècle, l'orbe impérial, symbolisant le monde sur lequel le maître du Saint-Empire germanique est censé avoir la primauté politique, est sphérique. Au temps pour l'image d'un Moyen Âge scientifiquement arriéré et universellement persuadé que la Terre est plate.

De toute façon, après la chute de l'Empire romain, une partie de la pensée occidentale se fige. L'astronomie fait partie du *quadrivium*, seconde division des arts libéraux, considérée comme moins noble que le *trivium* des grammairiens et rhétoriciens. Qui plus est, l'astronomie est encore nettement entachée d'astrologie et de divination, et donc toujours un peu suspecte dans un univers pour lequel « *tu ne souffriras point que vive la sorcière* » (*Exode* 22 : 17).

Dans un tel contexte, l'astrologue est parfois toléré, mais pas toujours. Tout dépend de la définition que l'on donne de la sorcellerie. Et de toute façon, la recherche dans ce domaine est essentiellement livresque. Faute d'instruments précis et d'outils mathématiques performants, l'observation n'a qu'une valeur toute relative. En cas de doute, on se tourne vers les anciens, c'est-à-dire encore et toujours vers l'*Almageste* considéré comme l'œuvre définitive dans ce domaine, même s'il n'a jamais été conçu comme un manuel astrologique. Et puis au Moyen Âge, quoi qu'on fasse, les portes du ciel sont contrôlées par saint Pierre et surtout par son successeur à Rome. L'élévation doit rester quelque chose de spirituel, et le chemin des hauteurs se construit en bonne pierre de taille : les cathédrales gothiques s'élancent toujours plus haut, certes, mais elles restent paradoxalement vissées au sol.

La représentation médiévale d'un éventuel voyage céleste reste de l'ordre du symbolique. Dans son *Roland furieux* (*Orlando Furioso*, 1516), l'Arioste (1474-1533) décrit des périples de plus en plus prodigieux, menant de la Chine à l'Éthiopie à dos d'hippogriffe, puis dans la Lune, puis en Enfer et au Paradis, la gradation étant nette : la Lune est, sur le plan symbolique, une banlieue de la Terre, un échelon de l'échelle de Jacob. Et elle a surtout une valeur spirituelle : le chevalier Astolphe emprunte le chariot de flammes d'Élie pour quérir sur l'astre des nuits un remède à la folie de son ami Roland.

Un peu plus à l'Est, la situation est différente de celle de l'Occident chrétien. Les astronomes arabes disposent d'outils bien plus efficaces que ceux de leurs confrères occidentaux : astrolabe, boussole et surtout systèmes de numération bien plus pratiques à manier que les malcommodes chiffres romains. Au fur et à mesure que se décante la civilisation arabe, l'astronomie devient une activité respectable. Mais même un brillant esprit comme Omar Khayyam (1048-1131) ne peut étudier l'astronomie en profondeur qu'en la justifiant par un but éminemment pratique : la réforme du calendrier persan.

C'est sous ce seul prétexte qu'il obtient du sultan Malik Shah la construction et la direction de l'observatoire d'Ispahan. Et l'on continue de demander des horoscopes à ce mécréant patenté, qu'il ne consent à dresser que par complaisance et pour ne pas fâcher ceux qui pourraient éventuellement lui payer plus tard un coup à boire[3].

Par ailleurs, dans le monde musulman, l'ascension de Mahomet reste un voyage spirituel et symbolique dont la narration elle-même récuse la matérialité : quand le prophète retourne sur Terre après avoir contemplé la splendeur des cieux, il peut rattraper avant qu'il ne se renverse le récipient heurté par son cheval lors du

3 Le vin, le sexe et le doute existentiel sont les grands thèmes de la poésie de Khayyam, regroupée par la suite sous le titre de *Rubbayat* et qui reste la partie de son œuvre la plus connue de nos jours, quand ses travaux très avancés en astronomie, en algèbre et en géométrie sont un peu oubliés. Mais le vieil Omar a désormais un cratère lunaire à son nom, et c'est quand même la classe, pour un poète pochard. Son confrère chinois Li-Po (701-762) n'a pas eu cette chance, lui qui fut pourtant la victime d'une tentative d'atteindre la Lune par des moyens originaux.

Avec Christophe Colomb, c'est un petit pas pour l'homme, mais un bon de géant pour l'image du découvreur.

décollage. La totalité du voyage n'a duré qu'une fraction de seconde et s'est déroulée dans une temporalité autre, étrangère au monde réel. On reste dans la logique des représentations les plus anciennes, dans un type de voyage que n'auraient pas renié les chamanes de Sibérie, dans des cieux d'essence toute spirituelle où les règles communes du monde physique ne s'appliquent pas.

GRANDS AMIRAUX DE MERS INCONNUES

La fin du Moyen Âge et la Renaissance s'accompagnent d'une remise en cause générale des anciens systèmes de représentation, et la vision du ciel n'y échappe pas. Aristote, Ptolémée et leurs sphères cristallines sont graduellement jetés aux orties à mesure que l'on explore les limitations criantes de leur modèle. Les grands esprits des Temps modernes cherchent dès lors quelque chose de plus satisfaisant pour les remplacer.

L'astronomie devient qui plus est vers cette époque une ressource stratégique. Avec les Grandes découvertes, savoir se repérer sur Terre, c'est avant tout savoir sous quel point de la voûte céleste l'on se trouve. Les avancées des Arabes sont vite mises à profit par des explorateurs et aventuriers de tout poil, et la possession d'un astrolabe n'est plus prétexte à être envoyé au bûcher. L'utilisation concrète de l'astronomie nourrira l'exploration des mers, qui elle-même alimentera la connaissance astronomique de nouvelles observations, concernant notamment les constellations australes.

Par ailleurs, le besoin de mesures toujours plus précises conduit à l'amélioration des instruments, à la création de lunettes de visée, d'octants, de sextants et surtout de l'horloge, qui devient par la suite le chronographe de marine,

Cyrano et ses flacons de rosée, un moyen somme toute très poétique de s'élever corps et âme.

bien plus précis que le sablier pour donner l'heure et se repérer dans le temps. Car pour le marin qui abandonne le cabotage pour partir droit devant lui sur l'océan, l'espace et le temps sont intimement corrélés. Les éphémérides qu'il emporte avec lui permettent de calculer la longitude en se repérant aux étoiles, mais à la seule condition de disposer de l'heure exacte[4].

Marine et astronomie vont donc se nourrir l'une de l'autre, mais la seconde demeure encore prisonnière des conceptions antiques. Si les découvreurs sont parfois

4 Cette recherche de précision dans le calcul de la longitude est un des ressorts du roman *L'Île du jour d'avant* (Umberto Eco, 1994). Mais comme souvent chez Eco, il n'est bien entendu pas le seul.

conscients des limitations du modèle de Ptolémée, leur travail consiste avant tout à poser le pied sur des terres nouvelles, et l'époque est riche en petits pas pour l'homme qui permettent de découvrir d'autres familles de l'humanité[5]. Le travail théorique n'est pas leur fort. C'est vers cette époque que se crée une mystique de la découverte, un mythe du héros plantant bravement la bannière de son souverain sur des terres inconnues quand, jusqu'alors, le modèle du navigateur mythique était Ulysse ou son descendant Sinbad, des personnages ballottés au gré des éléments, ne découvrant des terres mystérieuses que pour les fuir au plus vite. L'histoire d'Ulysse est celle d'un homme qui veut désespérément rentrer chez lui, alors qu'à partir de Christophe Colomb, le navigateur héroïque est celui qui laisse délibérément tout son petit monde familier derrière lui pour partir en quête de merveilles. Et à partir de Cortez, il sera celui qui brûle ses vaisseaux pour s'empêcher de reculer. Le voyage devient une fin en soi, et la colonisation des terres nouvelles sa suite logique.

Colomb, par ailleurs, va poser une nouvelle figure, celle du visionnaire, du fou génial. Figure qu'il usurpe très probablement d'ailleurs : on sait que Colomb a essuyé une rebuffade à l'université de Salamanque chargée de déterminer si son projet était sérieux, mais pas pour les raisons que l'on croit généralement. Si les doctes savants de Salamanque ont considéré Colomb comme un farfelu, ce n'est pas parce qu'ils croyaient que la Terre était plate, mais parce qu'ils disposaient de meilleurs

5 Notons au passage que ces rencontres et conquêtes seront le modèle, le gabarit sur lequel on bâtira plus tard bien des récits d'invasions extraterrestres, ou de confrontations avec des cultures inconnues.

chiffres que lui. Ils connaissaient apparemment les calculs d'Ératosthène (276-194 avant notre ère) qui, à l'aide d'ombres, avait réussi à mesurer de façon relativement exacte, à 700 kilomètres près, la circonférence terrestre[6], ou ceux de Ptolémée, qui donnaient approximativement 33 000 kilomètres. Se fondant sur une interprétation très optimiste de calculs plus récents, ceux du géographe Martin Behaim (1459-1507, réputé avoir construit le premier globe terrestre), Colomb propose une terre beaucoup plus petite, de 19 000 kilomètres de circonférence, sur laquelle le Japon n'est qu'à 4 000 kilomètres des côtes d'Espagne ! C'est une valeur que les vieilles barbes de Salamanque ne peuvent accepter, et à raison. Colomb croyait-il à ses chiffres ou les minimisait-il pour convaincre la couronne de se lancer dans une expédition ? Était-il un fou furieux ou un escroc de génie ? Difficile à dire, plus d'un demi-millénaire après. Mais toujours est-il qu'il avait tort sur le fond, et qu'il resta longtemps persuadé d'être arrivé en Asie. C'est d'ailleurs pour cela que les indigènes du Nouveau-Monde portent encore à ce jour le nom d'Indiens.

L'histoire semble pourtant donner raison à Colomb en lui permettant de revendiquer de nouvelles terres, mais si les Espagnols, puis les Anglais, Portugais, Hollandais et autres Français peuvent les coloniser, c'est bien qu'on n'y trouve aucune trace des puissants

6 Circonférence qui, dans le système métrique, est par définition de 40 000 kilomètres, puisque le mètre est défini comme la dix-millionième partie d'une moitié du méridien. Alors que le stade, la mesure employée par Ératosthène, est fonction de la pointure du dieu Hercule, dont on n'a pas retrouvé le cordonnier, ce qui la rend un poil moins précise dès qu'il s'agit de se livrer à des calculs scientifiques.

empires chinois et moghols censés les recouvrir. Une fois brutalement écarté le problème d'indigènes nombreux, mais moins bien équipés que les colons, le Nouveau Monde est un espace vierge où tout recommencer, un paradis de l'aventure.

Mais conquérir des terres, y construire des villes, y tracer des routes et y poser des bornes, c'est aussi les agréger au monde banal et fermé que l'on cherchait à laisser derrière soi. Une nouvelle mystique se superposera alors à celle de la conquête, et ce sera celle de la Frontière qui progresse, mordant toujours plus avant sur les terres sauvages, mais nous y reviendrons. Car la terre colonisée finit par se banaliser, et la Frontière ne peut dès lors qu'avancer, et avancer encore au fil des défrichages et des établissements de comptoirs.

Le voyage en boulet de canon. Jules Verne raffinera le principe un siècle plus tard. (illustration d'A. Wille)

S'ils cartographient mers et rivages lointains en se fiant aux étoiles, découvreurs et conquistadores ne s'interrogent pas forcément, on l'a vu, sur la mécanique intime des cieux. Ce n'est pas la brillance des étoiles qui les fascine, mais celle de ce que les Aztèques appellent « sang du soleil », l'or. Pour Colomb, les étoiles ne sont qu'un outil pour accéder aux richesses de Cathay et Cipango. Le macrocosme céleste est un instrument plus ou moins commode pour se repérer au sol. Les plus érudits des découvreurs se doutent confusément que les systèmes antiques présentent des problèmes, mais les conservent comme « position par défaut » de la réflexion. Ils ne les interrogent pas dans leur principe.

Le grand libérateur des représentations célestes est Galilée (1564-1642), grâce à sa lunette astronomique adaptée des longues-vues des marins hollandais. Galilée est resté célèbre pour avoir affirmé haut et fort (puis *in petto*, quand on lui intima le silence) que la Terre tourne autour du Soleil, mais il est pourtant loin de l'avoir découvert : Nicolas Copernic et même le philosophe grec Aristarque de Samos en avaient eu l'idée avant lui. La grande avancée de Galilée, c'est d'avoir affirmé les mathématiques comme outil d'analyse fondamental[7], d'en avoir tiré la première théorie cohérente du mouvement, puis démontré qu'il n'y a pas de différence de nature entre la Terre et les corps célestes. Surtout, ses

7 Pythagore et ses disciples considéraient déjà les mathématiques comme le langage créateur des dieux, mais leur analyse n'allait guère plus loin que la constatation d'analogies entre la position des planètes et le ton des notes de musique. Leur démarche était avant tout de nature mystique.

notions de masse et d'inertie seront autant d'outils puissants qui amèneront par la suite à une compréhension fine des phénomènes planétaires. L'univers de Galilée devient matériel et tangible. S'il demeure lointain, il commence à se peupler de mers et de montagnes. La Lune devient un monde que l'on peut cartographier exactement comme l'on avait cartographié précédemment la Terre.

Giordano Bruno (1548-1600) postule de son côté la pluralité, voire l'infinité des mondes et des soleils. Moins chanceux que Galilée, qui lui doit pourtant les bases de ses idées concernant la relativité du mouvement, il est condamné au bûcher. Il faut dire que ses conceptions théologiques sont aussi hétérodoxes pour l'époque que ses idées sur la cosmologie.

Mais ce nouveau primat des mathématiques introduit par Galilée conduit de grands esprits à reprendre le dossier depuis le début. Rapidement, et le progrès des méthodes de calcul aidant, les cercles et sphères parfaits de la pensée antique sont remplacés par Kepler (1571-1630) par des ellipses aplaties, des trajectoires paraboliques et par une réflexion de plus en plus fine sur le rôle de la masse inertielle dans le mouvement.

La lunette de Galilée et les calculs de Newton (1643-1727) finissent par abolir définitivement la distinction fondamentale entre ciel et terre : si c'est la même force qui fait se mouvoir planètes majestueuses et pommes qui tombent, la Terre n'est plus qu'un caillou dans le ciel et le ciel peut donc se parcourir, être accessible à l'homme de chair. Du moins en théorie. Léonard de Vinci (1452-1519) peut dès avant cette époque imaginer avions et hélicoptères, il demeure incapable de les faire décoller. Et il est surtout incapable de conceptualiser des appareils volant encore plus haut. Il a bien posé les

Tel une fusée Saturn V, le vaisseau cosmique est acheminé par rail.

L'arrivée du projectile à Stone's-Hill (p. 139).

problèmes et débroussaillé le champ, mais la technique ne suit pas : les moteurs assez puissants pour faire s'élever ce qu'il a imaginé ne seront construits que quatre ou cinq siècles plus tard.

Sur le plan symbolique, ce ciel qui était peu de temps auparavant un endroit autre est en train de devenir un miroir, un lieu sur lequel projeter des utopies, ce qu'était l'autre bord de l'océan du temps du vieux Platon, ou du plus récent Thomas More (1478-1535). À force d'être exploré, le monde s'est agrandi, mais la partie inconnue dans laquelle on pouvait imaginer toutes sortes d'étrangetés s'est réduite d'autant. Les Indiens bien réels, aux mœurs certes absurdes du point de vue de leurs découvreurs, font disparaître les hommes à tête de chien et autres monstres bien plus fantaisistes décrits par Marco Polo. L'utopie a de plus en plus de mal à se trouver une place sur le plancher des vaches, et sa critique en creux de l'ordre social doit constamment se déplacer. Mais, et l'histoire l'avait déjà prouvé à l'époque et le prouvera à nouveau par la suite, l'échappatoire dans l'ailleurs et la fondation d'un nouveau système ne procurent qu'un répit momentané[8]. La nature humaine est ainsi faite qu'elle reprend toujours ses droits.

Hercule Savinien Cyrano de Bergerac (1619-1655), dont le nez était loin d'être aussi aérodynamique et profilé que ce dont le crédite la légende, imagine sur la Lune et le Soleil des utopies et mondes divers où la poésie sert de monnaie et où les alouettes rôties tombent toutes cuites du ciel. Le principe est ici encore de prendre de la

8 Plus proche de nous, c'est aussi d'une certaine manière le principe de la TAZ décrit par Hakim Bey, la Zone Temporaire d'Autonomie, qui est toujours rattrapée et doit se déplacer et se réinventer sans cesse.

distance, de placer le discours dans un endroit lointain, exotique et essentiellement imaginaire. La métaphore se doit d'être inaccessible.

Plus sagement, ses continuateurs comme Jonathan Swift reviendront aux îles exotiques pour y placer leurs satires philosophiques et sociales. Tout en étant démangés par l'appel du ciel, comme le prouve le voyage du capitaine Lemuel Gulliver à Laputa (dans *Les Voyages de Gulliver*, 1726), une île volante dont les habitants sont l'élite scientifique et philosophique de notre monde. Une élite tellement prisonnière de la théorie qu'elle en perd d'ailleurs tout sens pratique.

Pour ces philosophes utopistes, le ciel devient un miroir sur lequel projeter nos faiblesses et nos aspirations, mais la technique place encore un « plafond de verre » entre nous et l'image qu'il renvoie.

Blaise Pascal (1623-1662), contemporain de Cyrano, ne voit pas l'ouverture du ciel comme une opportunité. Son siècle a fait perdre à la Terre sa primauté dans le cosmos, il l'a ramenée aux dimensions d'un caillou quelconque dans l'immensité, dans cet univers devenu une « *sphère effrayante dont la circonférence est partout et le centre nulle part*[9] ». Pour Pascal, cette ouverture est vertigineuse et atroce. On lui doit ce cri du cœur qui traversera par la suite toute la pensée, dès qu'il s'agira de conquête spatiale : « *Le silence éternel de ces espaces infinis m'effraie* ». Et derrière ce silence se pose une question toujours pas résolue, celle de ceux qui pourraient le rompre. L'homme est-il seul dans l'univers ? L'écho des sphères ne lui renverra-t-il que sa propre voix ? Le

9 Les éditions publiées des *Pensées* disaient « une sphère infinie », mais les manuscrits originaux portent cette mention, raturée par la suite.

ciel n'est-il condamné qu'à nous renvoyer notre propre image, notre reflet même pas déformé dans le miroir ? Le pari pascalien de l'existence de Dieu prend d'ailleurs ici tout son sens, face à ce silence éternel : il permet de conserver un espoir de présence autre dans un univers qui risquerait par ailleurs d'être trop grand et trop vide.

On a peine à le croire de nos jours, mais à l'instar de Cyrano de Bergerac, le baron de Münchhausen a réellement existé, et vécu de 1720 à 1797. S'il est à présent célèbre pour des exploits parfaitement fantaisistes et fabuleux, ce capitaine de cavalerie de l'armée russe a confié ses exploits à un écrivain appelé Rudolf Erich Raspe, comme l'avait fait quelques siècles auparavant Marco Polo avec un auteur de romans de chevalerie nommé Rusticcello, qui assura sa gloire éternelle en exagérant autant qu'il pouvait les aspects merveilleux de ce qu'il avait à raconter.

Ce n'est pas un voyage que le baron fit vers la Lune, mais au moins deux : l'un grâce à un haricot magique lui permettant d'aller récupérer sur les cornes de l'astre des nuits une hachette qu'il avait lancée trop haut, et l'autre sur un bateau emporté par la tempête. Il se raconte aussi qu'il serait parvenu sur la lune en chevauchant un boulet de canon, mais cette histoire-là est fort probablement apocryphe. Il faut parvenir à le rattraper, le boulet de canon.

C'est en lisant les aventures du baron qu'on se rend compte qu'on n'a pas beaucoup parcouru de chemin depuis Lucien de Samosate. Certes, aller chatouiller Séléné, ça représente de la route, mais le principe reste globalement le même : le voyage dans les airs et sur la Lune est frappé d'irréalité. Cela reste du domaine de la métaphore ou de la satire, ou dans le meilleur des cas de l'utopie. Le fait même de proposer un tel voyage dans le récit est un moyen de le placer sans ambiguïté sous le signe du merveilleux et de la fable. Après tout, gens lunaires et lunatiques ne sauraient être sérieux.

L'amerrissage semble lui aussi tout droit sorti du programme spatial américain. Sauf qu'il n'y a pas d'hélicoptères.

Avec un système plus commode que les fioles de rosée employées par Cyrano ou les boulets de canon du baron de Münchhausen, les frères Montgolfier parviennent enfin, en 1783, à faire s'élever des hommes dans les airs et à les faire redescendre intacts[10] avec un engin qui gardera leur nom, le ballon, ou montgolfière ; il est équipé d'une nacelle contenant des passagers. Mais le firmament étoilé est encore très loin. Les aéronautes ne font que parcourir la proche banlieue du plancher des vaches, terrorisant au passage des populations paysannes pas très bien éduquées, qui n'ont lu ni Galilée, ni même Cyrano, et qui assassinent ces pauvres montgolfières à coup de fourche dès qu'elles ont le malheur de tomber dans leurs champs.

Le vol en ballon demeure néanmoins un divertissement aristocratique, quelque chose qui fait frémir les dames mais reste bien loin des campagnes sous l'uniforme ou des reconnaissances chez les sauvages, dont on rapporte mains récits propres à égayer les salons.

On voit bien l'intérêt de s'élever à plusieurs dizaines de mètres pour la reconnaissance militaire, mais le ballon à air chaud reste malcommode et pataud, et sa version à hydrogène est de son côté clairement dangereuse, nécessitant de manier de grandes quantités d'un gaz hautement explosif. Il faudra plus d'un demi-siècle pour qu'Henri Giffard (1825-1882) mette au point des

10 Ou intacts la plupart du temps, en tout cas : Pilâtre de Rozier, premier aéronaute avec le marquis d'Arlandes, décédera lors d'une tentative de traversée de la Manche en 1785, son aérostat hybride, air chaud et hydrogène, ayant explosé.

COMMENT SANS LE FAIRE EXPRÈS M. BONNEAU ARRIVA DANS LA LUNE

appareils à peu près maniables, ce qu'on appellera par la suite les dirigeables.

De fait, à l'époque, explorer les hauteurs n'est pas encore une priorité. Au sol, les cartes présentent encore trop d'énormes taches blanches. Le premier tour complet de l'Australie en bateau n'est effectué qu'en 1817, la région des Grands Lacs d'Afrique Centrale n'est reconnue que dans les années 1850, et bien des explorateurs disparaissent corps et âme dans des régions trop hostiles pour l'homme, ou en tout cas pour l'homme blanc chrétien et bien élevé[11].

Sur les océans, la grande piraterie est une chose du passé et les compagnies commerciales pratiquent la course du thé, ramenant à vive allure et sans coup férir les précieuses feuilles à bord de voiliers profilés comme des lames, les *clippers*. L'imaginaire européen se déploie encore à l'horizontale et il reste à accoutumer la culture à l'idée qu'il y a des choses intéressantes à découvrir par-delà les nuages.

Dans le même temps, la fusée, qui n'était elle aussi qu'un divertissement aristocratique employé depuis la fin de la Renaissance dans le cadre des feux d'artifice, trouve des applications nouvelles. Le Britannique William Congreve (1772-1828) décide d'améliorer les frustes engins artisanaux employés à l'époque par les rebelles irlandais, à l'imitation de ce que pratiquaient les hindous. Ces premiers missiles à usage militaire étaient plus spectaculaires que réellement offensifs. Les Chinois les utilisaient depuis le Moyen Âge pour terroriser les barbares, mais la précision n'était pas au rendez-vous.

11 Et même pour le mécréant mal élevé : le capitaine Richard F. Burton (1821-1890) laissera quelques plumes en Tanzanie, sur la route des sources du Nil.

Les fusées de Congreve, employées dès les guerres napoléoniennes, sont des cylindres de métal équipés d'une pointe de flèche. Ils explosent à l'impact, avec une portée maximale de trois kilomètres. Mieux encore, Congreve les équipe rapidement d'un dispositif de mise à feu à distance qui permet d'épargner l'artificier en cas d'explosion au lancement. Les plus gros modèles pèsent jusqu'à 140 kilos. Pas de quoi envoyer un homme dans les airs, mais le travail mené alors sur la stabilisation des trajectoires sera réutilisé par la suite.

En Amérique, la Frontière est restée longtemps un pôle d'attraction. Cette zone séparant les étendues civilisées de zones encore sauvages était le lieu des possibles, celui où l'on se réfugiait pour se construire un destin. Mais elle n'a fait qu'avancer et avancer encore, pour finir par se dissoudre et disparaître. Dans la deuxième moitié du XIXe siècle, le télégraphe et le chemin de fer traversent le continent de part en part, taillant dans des espaces qui ne sont dès lors plus vierges. La loi et l'ordre s'installent pour de bon à l'ouest du Pecos et les aventuriers n'ont plus de porte de sortie, à moins de traverser une autre frontière plus prosaïque, celle les séparant du Mexique. Mais à l'instar du samouraï qui meurt dans le feu et le sang à la même époque, la Frontière et le cow-boy atteindront un statut mythique après leur disparition ; ils structureront tout un imaginaire qui dépassera bientôt celui des simples courses à cheval entre les mesas.

JULES LE NANTAIS ET SES CONTINUATEURS

Parce qu'il est né à Nantes et a un frère marin, on pourrait croire que c'est la navigation qui constitue l'indépassable modèle de l'aventure et du voyage pour Jules Verne (1828-1905). Et au fil de sa longue carrière littéraire, il aura prodigué bien des récits situés sur et sous les océans, et à bord de bateaux de toutes tailles et de tous modes de propulsion. Mais il est sans doute significatif qu'il commence sa carrière de romancier[12] en envoyant des explorateurs en Afrique grâce à un moyen moderne, un ballon hybride dont il détaillera longuement le fonctionnement dans *Cinq semaines en ballon* (1863). Puis c'est vers les profondeurs chthoniennes qu'il expédie ses protagonistes, dans *Voyage au centre de la Terre* (1864) avant, avec audace et l'année suivante de les envoyer hors de notre atmosphère.

Souvent cité en exemple des prophéties réalisées de la science-fiction, *De la Terre à la Lune* n'hésite pas à se moquer de ses propres personnages, vieilles badernes éclopées et un peu ridicules dont on se prend à penser qu'il leur faudrait une bonne guerre et qui, faute d'en avoir une sous la main, se lancent dans un autre genre d'épopée. Comme aurait pu le dire Clausewitz, « le voyage spatial n'est que la continuation de la guerre par d'autres moyens » et en cela, en effet, Verne est prophétique.

Pour le reste, son mode de transport est de la plus grande fantaisie. Nonobstant les calculs savants et

12 Et avant de se lancer dans le roman, il avait aussi écrit quelques nouvelles, dont « Un drame dans les airs » (1851), une histoire de voyage en ballon qui tourne mal.

détaillés dont Verne crédite ses artilleurs, la déflagration du canon géant censé expédier ses vaillants explorateurs vers l'astre des nuits ne pourrait que les réduire en purée dans leur obus aménagé, malgré le plancher mobile censé amortir le choc : le chien Satellite n'y survivra d'ailleurs pas très longtemps, se faisant ainsi précurseur de la chienne Layka. Mais après tout, c'est uniquement une question de sens de l'action : une fusée *Saturn V* n'est guère qu'un canon à l'envers, dont on utilise le considérable recul pour se propulser, et elle n'est pas moins monstrueuse que la pièce d'artillerie démesurée construite par le *Gun Club*.

Décrite dans *Autour de la Lune*, suite publiée en 1869, l'apesanteur n'est pas forcément tout à fait comprise. Il faut, à la décharge de Jules Verne, reconnaître qu'elle n'était encore qu'un effet purement théorique qu'il était impossible d'expérimenter, une bizarrerie qui émergeait de calculs mathématiques encore tout à fait abstraits. De même, les problèmes de pression atmosphérique sont balayés du revers de la main. Quand il s'agit d'évacuer le cadavre du chien (qui, lois de l'inertie obligent, continuera à suivre l'obus dans son voyage) l'ouverture du hublot ne provoque pas de décompression explosive, seulement une légère perte de gaz. Prudent, Verne préfère renvoyer d'éventuels Sélénites à un hypothétique passé, et se garde bien de faire débarquer ses héros, ignorant comment les faire repartir ensuite.

L'équipage de Barbicane retombe dans l'océan, préfigurant ainsi les retours balistiques des capsules américaines, des programmes Mercury à Apollo. Le récit se conclut sur une question : quelle technologie permettra-t-elle d'aller sur des planètes plus lointaines, et surtout, de tenter le grand bond vers les étoiles, le voyage interstellaire ?

L'image la plus iconique de tout le cinéma spatial avant Kubrick.

Il y répondra partiellement huit ans plus tard, en 1877, avec *Hector Servadac*, un roman dans lequel plusieurs Terriens sont arrachés à l'attraction de leur monde natal par le passage d'une comète, et voyagent dès lors dans le système solaire sur un monde miniature et à la gravité réduite, qu'ils aménagent tant bien que mal.

Verne continuera d'explorer les hauteurs dans d'autres *Voyages extraordinaires*, notamment ceux consacrés à Robur, équivalent aérien du capitaine Nemo, et dont l'*Épouvante* préfigurera jusque dans sa forme l'*Éole* de Clément Ader, un appareil plus lourd que l'air qui parviendra à s'élever de quelques malheureux centimètres en 1890.

L'impact des idées du Nantais sera tel qu'elles seront recyclées dans ce pinacle de la culture grand public de l'époque, l'opérette. Offenbach montera sur scène un *Voyage dans la Lune* en 1875, employant un canon vernien pour propulser ses personnages dans un monde de la plus grande fantaisie. Verne lui en voudra d'ailleurs beaucoup et durablement, estimant avoir été pillé par le compositeur. Qui n'est pas le seul à se servir : *Les Extraordinaires aventures d'un savant russe*, publiées en 1889 par Henry de Graffigny et Georges le Faure enverront leur héros sur la Lune dès leur premier tome dans un obus de conception toute vernienne, équipé d'un matériel technique dont ils nous donnent tout le détail.

H. G. Wells (1866-1946), pour sa part, s'embarrasse moins de crédibilité scientifique que son modèle, quand bien même il se tient au courant des développements théoriques de son temps. Dans *Les Premiers hommes dans la Lune* (*First Men in the Moon*, 1901), il postule un matériau faisant écran à la gravitation, la « cavorite », permettant au vaisseau de s'arracher à l'attraction terrestre et le narrateur confesse son inculture scientifique totale qui lui permet de renvoyer hors champ les explications alambiquées du professeur Cavor. Il prend ainsi le contre-pied de Michel Ardan, dans *Autour de la Lune*, qui essaie de comprendre les calculs de Barbicane et n'y gagne que des migraines. Il faut dire qu'au moment où est écrit ce roman, les longues digressions didactiques de Verne sont devenues un cliché, et ne sont pas le propos de Wells, qui cherche l'émerveillement et le pur concept, faisant découvrir d'ailleurs à ses héros une civilisation sélénite. Il prend néanmoins le temps de réfléchir à l'apesanteur et de la décrire d'une façon plus précise. Et d'ailleurs, quand on présente au vieux Verne les œuvres de son disciple d'outre-Manche, le prophète nantais fulmine un « Il invente ! » rageur, censé le renvoyer dans la piétaille des fantaisistes. Mais si le terme science-fiction n'a pas encore été inventé, le genre s'oriente de plus en plus vers la fiction pure, qui permet d'ouvrir les possibilités d'imaginaire.

C'est à une synthèse d'une approche très vernienne et d'une fantaisie wellsienne (ou offenbachienne, peut-être) que nous convie Georges Méliès (1861-1938) dans *Le Voyage dans la Lune* (1902), qui est généralement considéré comme le premier film de science-fiction. Le professeur Barbenfouillis renvoie bien entendu au Barbicane apparu dans *De la Terre à la Lune*. Mais Méliès s'occupe avant tout de poésie et de merveilleux, et son récit bascule très vite dans l'onirique. C'est à la faveur d'un rêve que l'équipage de l'obus parvenu sur la Lune rencontre des Sélénites, qui semblent pour le coup évoquer ceux du roman de Wells sorti l'année précédente, à moins qu'ils ne soient simplement dans l'air du temps. Et ces Sélénites ne sont pas des monstres invincibles, on est très loin d'*Alien* : un coup de parapluie bien placé suffit à s'en débarrasser.

Méliès continuera avec un voyage en train jusqu'à l'intérieur du Soleil, dans *Voyage à travers l'impossible* (1904), succession de péripéties qui emmènent les voyageurs toujours plus loin, après un décollage à toute vapeur sur une pente des Alpes, muées pour l'occasion en rampe de lancement. Il livrera aussi en 1911 la première adaptation filmique des *Aventures du baron de Münchhausen*.

Le cinéaste sera, comme de juste, rapidement imité. Il faut dire que son sens de l'image iconique (sa Lune avec un obus dans l'œil figure encore dans tous les ouvrages sur l'histoire du cinéma) frappe l'imagination. Produits en Espagne ou ailleurs, d'autres voyages vers l'astre des nuits feront la joie des spectateurs du cinéma naissant : *Excursion dans la Lune* (*Excursión a la*

Méliès ira plus loin que Verne en débarquant sur la Lune, alors que le Nantais ne faisait que la contourner.

luna, Segundo de Chomon, 1908) copie Méliès sans la moindre espèce de vergogne. Jouant à fond sur le côté onirique et merveilleux, *Voyage autour d'une étoile* (*Un viaggio in una stella*, Gaston Velle, 1906) se termine plus tragiquement. En Amérique, Ashley Miller organise un voyage vers Mars (*A trip to Mars*, 1910) pour le compte de la compagnie de Thomas Edison. Son protagoniste décolle à l'aide d'une substance antigravitationnelle qui doit sans doute beaucoup à la cavorite. Sa planète rouge est peuplée de géants aux oreilles pointues qui ont tôt fait de renvoyer l'explorateur chez lui.

La Belle Époque rêve aux étoiles et se donne peu à peu les moyens d'atteindre les nuages. Elle s'achèvera pourtant dans la boue de la Somme où iront s'écraser les premiers aéronefs de combat.

LE MYTHE DES ANCIENS ASTRONAUTES

Certains mythes et épopées des temps anciens rapportent l'arrivée d'êtres supérieurs venus du ciel. C'est l'histoire des Néphilim, dans laquelle les anges de Dieu convoitent les filles des hommes et leur donnent de monstrueux enfants, « les géants des temps anciens » que décrit la Bible ; ce sont les dieux célestes intervenant dans les affaires des hommes dans l'*Iliade* ; c'est l'Ancien des Jours pilotant sa soucoupe volante dans la prophétie d'Ézéchiel, et c'est aussi Élie montant au ciel dans un char de feu.

Il n'en fallait pas plus pour que de vaillants chercheurs aillent éplucher les archives mondiales à la recherche de « preuves » que ces récits d'apparitions sont en fait le souvenir déformé d'événements factuels. Et l'on convoque les chars volants du *Rig Veda* hindou, les peintures rupestres du Tassili dans lesquelles des personnages ont de grosses têtes rondes évoquant des casques de cosmonautes, tous les récits d'épiphanies, et même parfois les auréoles de l'iconographie chrétienne.

Qu'importe que le char de feu d'Élie soit dûment équipé de chevaux de feu assortis, l'occasion est trop belle d'expliquer d'un seul coup les murailles cyclopéennes de Tiahuanaco, les pyramides d'Égypte, les statues de l'île de Pâques et les tracés de Nazca : ils sont l'œuvre d'astronautes venus d'ailleurs dans des temps anciens, d'extraterrestres bienveillants qui ont débarqué sur notre monde arriéré avec leur technologie avancée. Les tracés de Nazca sont alors tout simplement des messages adressés à nos initiateurs d'outre-espace, voire des pistes d'atterrissage leur permettant d'aller et venir à leur guise.

C'est le genre de thèses défendues par Erich von Däniken, dans *Présence des extraterrestres* (*Erinnerungen an die Zukunft*, 1968, très connu dans le monde anglophone où il a été publié sous le titre *Chariot of the Gods*) ou *Vers un Retour aux étoiles* (*Zurück zu den Sternen*, 1969), et qui ont inspiré par la suite Jack Kirby pour son *comic book Les Éternels* (*The Eternals*, 1976-1978, chez Marvel Comics) et qui postulent des technologies très avancées derrière les pyramides ou les *Moai*. En France, des ouvrages comme *La Lune, clé de la Bible* (Jean Sendy, 1968) nous décrivent la Lune comme la base arrière des extraterrestres venus initier Moïse et accomplir les prodiges de l'Horeb[13].

Mais renvoyer toutes les divinités venues du ciel à une telle matérialité est une manière de renvoyer toutes les religions du monde au rang de ces cultes du Cargo, comme il en a existé dans les îles du Pacifique.

Ces croyances insulaires sont une conséquence inattendue de la Seconde Guerre mondiale. Quand l'armée américaine a installé des bases de ravitaillement dans de petites îles du Pacifique, les indigènes ont vécu une forme d'âge d'or. Les avions-cargos venaient décharger sur les pistes de fortune du ravitaillement à destination des troupes, mais qui profitait aussi aux locaux. La guerre finie, les avions et les mécaniciens repartis, les indigènes recréèrent les rituels d'appel à la manne du ciel, les tours étranges surplombant les pistes, et les parades auxquelles ils avaient assisté. Les procédures de l'armée et de la marine se muèrent alors en une liturgie religieuse déconnectée de son sens technologique et militaire. Renvoyer les récits d'apparitions divines et angéliques du passé à l'action de civilisations

---

13 C'est à peu de choses près, d'ailleurs, la situation que pose Go Nagaï dans *Goldorak* (*Ufo-Robôt Grendizer*), sauf que le Grand Stratéguerre, Hyrdaros et Minos sont méchants; et presque aussi destructeurs que le Yahvé des mauvais jours.

d'outre-espace, c'est en réduire le message spirituel à l'expression de notre propre arriération supposée.

Et c'est un contresens : pour les Anciens, le ciel était immatériel et ceux qui en provenaient ne pouvaient qu'être immatériels eux-mêmes, ne prenant forme et épaisseur qu'à l'issue d'un acte délibéré de volonté, d'un miracle qui était aussi une chute.

C'est pourquoi ce concept d'anciens astronautes reste, quelle que soit sa prétention à l'ancienneté, un mythe totalement moderne, popularisé notamment par Jacques Bergier, la revue *Planète* et leurs continuateurs, et adapté à une époque matérialiste et désenchantée. Le cinéma s'en emparera allègrement avec des films comme *Stargate* (Roman Emmerich, 1994) et la série qui en a été tirée, dans laquelle la Terre est un monde arriéré, un pion mineur dans le grand jeu des dieux extraterrestres.

Les obus de Jules Verne sont tout confort. L'on y voyage entre gentlemen, après tout.

CHAPITRE 2 : ALORS LES CIEUX S'OUVRIRONT

« Je veux construire une cité d'espérance où l'homme s'aperçoit que les étoiles existent. »
Jean Jaurès

C'est parfois d'endroits saugrenus que viennent ces étincelles qui font avancer l'humanité et lui ouvrent les portes du ciel. Si l'on en croit Karl Marx, la Russie n'était pas le bon endroit où instaurer le communisme, car elle était trop rurale à l'époque. Selon le Jupiter du *Kapital*, la conscience de classe et la constitution de syndicats ne pouvaient naître que dans un contexte industriel et urbain, dans des nations comme l'Angleterre ou l'Allemagne, dotées de classes ouvrières raisonnablement éduquées et organisées. De même, la Russie du tournant du xxe siècle n'est pas non plus l'endroit où l'on aurait imaginé de grandes envolées vers le ciel. L'imaginaire russe est, par tradition, horizontal : il est marqué par la steppe, c'est le pays de Borodine et de Tarass Boulba, c'est un pays de grands espaces et de lutte contre les éléments, l'immense plaine qui vit naître le mythe du Cosaque et le Transsibérien.

C'est pourtant là en 1903, l'année où sur la plage de Kitty Hawk, les frères Wilbur et Orville Wright font péniblement décoller leur premier *Flyer*, un engin fragile et pataud bricolé entre autres à partir de pièces de bicyclettes, que le mathématicien Constantin Tsiolkowski pose les bases conceptuelles de l'astronautique. Pour lui, l'essentiel du problème est de nature mathématique : il s'agit de définir les vitesses nécessaires pour accéder à

Un timbre hongrois en hommage à Tsiolkovski, devenu pour les pays de l'Est un prophète de l'âge des étoiles.

l'orbite, puis pour s'en libérer et partir dans l'espace interplanétaire. Pour y parvenir, son ouvrage *L'Exploration de l'espace cosmique par des engins à réaction* propose des moteurs de fusées à carburants liquides qui remplacent avantageusement les énormes canons de Jules Verne et consorts. Essayant de baliser tout ce champ nouveau, Tsiolkovski explique qu'il faudra stabiliser ces nouveaux appareils à l'aide de batteries de gyroscopes, et envisager un système de propulsion par étages successifs. Ces principes feront école. Dans le même ordre d'idée, il développe les concepts qui mèneront aux satellites et à ce qu'on appellera par la suite l'ascenseur orbital, un câble tendu entre la surface et l'orbite géostationnaire qui permet d'expédier de lourdes charges avec une dépense en énergie réduite.

Dès lors que ses thèses se diffusent, elles attirent l'attention de toute une génération d'ingénieurs qui vont les étudier en détail et tenter de leur donner une traduction technique. Ils s'appelleront Oberth, Noordung, Goddard, Von Braun ou Korolev, mais ils ne feront parler d'eux que quelques décennies plus tard. Car avant de tenter l'orbite, il faut déjà arriver à voler plus de quelques secondes, ce que les aérostats et autres dirigeables font très bien, mais à des vitesses et des manœuvrabilités réduites. Le plus lourd que l'air n'en est qu'à ses balbutiements, et si le principe du moteur à réaction est connu[14], on est loin de disposer des moyens de lui donner une traduction concrète. Les Santos Dumont, Farman, Blériot et autres Voisin en sont encore à batailler avec les forces de l'aérodynamique, avec des matériaux aussi peu adaptés aux hautes altitudes que la toile et le balsa, et des moteurs à piston qui empestent l'huile de ricin. Et même ainsi, à ce degré fruste, il faudra la guerre pour que cette technologie soit convenablement financée et développée.

AVANTI !

Au début du XXe siècle, le ciel est, on l'a vu, devenu accessible grâce à l'aéronautique. Le plafond de verre qui séparait l'homme des hautes altitudes est en train de se fendiller. L'accès à l'espace interplanétaire n'est plus qu'un problème d'ordre de grandeur, une équation arithmétique à résoudre de façon technique pour peu que l'on se pose sérieusement la question. Au cours des décennies suivant la Première Guerre mondiale, les expériences de Robert Goddard à Roswell puis celles de Von Braun à Peenemünde permettront de débroussailler le terrain, mais nous y reviendrons.

Pourtant, pour le compositeur Gustav Holst (1874-1943), la perspective reste plus astrologique et donc symbolique qu'astronomique. Sa suite symphonique *Les Planètes* (*The Planets*, composée entre 1914 et 1917) témoigne de la préoccupation de l'auteur : sa précédente œuvre, *The Cloud Messenger* (1913) renvoie directement aux apparitions célestes et à la mythologie. Les planètes

14 Et là encore, depuis l'Antiquité : la machine à vapeur d'Héron d'Alexandrie en témoigne.

Himmelskibet en version russe. Les affiches de Nikola Prussakov sont un modèle, en une époque où la propagande soviétique alignait les meilleurs graphistes du monde.

vues par Holst sont définies avant tout par leur symbolique classique : Mars la guerrière, Jupiter et la jovialité, Saturne et l'écoulement du temps, etc. Mais si elle a été relativement mal reçue lors de sa création, cette suite de morceaux deviendra à la longue la bande-son du xxe siècle et de ses préoccupations, et une source d'inspiration sans fin pour les compositeurs de musique de film : John Williams et Basil Poledouris, notamment, sauront le piller vaillamment, souvent pour illustrer des confrontations cosmiques.

Le monde de 1918 n'est plus celui de la Belle Époque. Le rapport à la technologie est en train de subtilement changer. L'arrivée de la fée électricité a été digérée, et la radio, le train et bientôt l'avion vont s'employer à raccourcir les distances. Et si la grande boucherie de 14-18 a démontré que la civilisation est une chose fragile, l'on a encore bon espoir de la sauver grâce au progrès. À côté de l'Art déco naît un style nouveau, le Futurisme, dont l'icône est la locomotive lancée à pleine vitesse, et surtout son fracas infernal, son bruit qui emplit l'espace.

Là où la Belle Époque affectionnait les cuivres amoureusement frottés, les Années folles imposent l'acier poli, inoxydable, et bientôt chromé. Les machines à vapeur cèdent la place au moteur à pétrole, de bien meilleur rendement. C'est aussi l'âge d'or des inventeurs à tout faire, des Edison et des Tesla qui s'attachent, à l'ère de la diffusion de masse, à se créer une image qui en fera de leur vivant des supports d'imaginaire autant que des créateurs réels[15]. Le savant touche-à-tout à l'accent indé-

15 Avant l'invention du terme science-fiction, c'est « edisonade » qui désignait, en Amérique, les récits d'aventures scientifiques. Un *pulp* avait d'ailleurs pour héros un certain Tom Edison junior, un autre s'intitulait *Edison's conquest of Mars*, auquel il

fini mais fleurant bon l'est de l'Europe doit énormément à Nikola Tesla, et il se réincarnera par la suite en Zarkoff, Mirandus ou Von Doom.

C'est aussi l'époque où Hugo Gernsback publie des revues dédiées à l'exploration du progrès technique sous toutes ses formes, comme *Modern Electrics* (1909) ou *Radio News* (1920) et lance un vocable qui connaîtra une certaine fortune dans le domaine de l'imaginaire futuriste : « scientifiction », bientôt redécoupé en « science-fiction », avec des magazines comme *Science Wonder Stories*. Gernsback surfe sur la mystique d'Edison (il est d'ailleurs à peu près aussi escroc que lui), et il va populariser au fil des décennies tout un univers technologique dans des dizaines de *pulps* mélangeant vulgarisation scientifique et fiction pas forcément très bien écrite, mais développant de très nombreux concepts. Ce grain d'imaginaire tombera sur un terreau fertile, et par la suite, dans les années 1930, ce sont de nombreux *pulps* qui verront débuter de plus en plus d'auteurs avec une exigence littéraire qui augmentera graduellement, et surtout une diversification des genres et des idées développées.

Au cinéma, l'exploration spatiale est pour un temps en passe de devenir un sujet sérieux, s'éloignant à grands pas martiaux des aimables rêveries de Méliès : *À Quatorze mille lieues de la Terre* (*Himmelskibet*, Holger-Madsen 1918), est un drame. Le vaisseau *Excelsior* quitte la Terre à destination de Mars, et le voyage s'avère long et difficile. Entre peur de l'inconnu et ténèbres écrasantes du dehors[16], l'équipage succombe aux tentations de l'al-

Dans le *space opera*, le vaisseau n'a pas besoin d'être aérodynamique.

fut répondu par un *To Mars with Tesla*.

16 Et encore, faute de moyens techniques de réalisation, nos pauvres conquérants du ciel échappent aux effets de l'apesanteur.

A STREET & SMITH PUBLICATION
NRA
ASTOUNDING
STORIES
APRIL
20¢
HE FROM PROCYON
By Nat Schachner
THE LEGION OF SPACE
by Jack Williamson
A MATTER OF SIZE
by Harry Bates
LO! by Charles Fort

cool et du renoncement. Il finit même par se mutiner, la révolte n'étant calmée que par l'arrivée inopinée à destination.

Ce dernier point nous renvoie directement à l'expédition de Christophe Colomb et ce n'est probablement pas un hasard. L'aspect « aventure maritime » du voyage est appuyé par le travail sur les décors. À l'intérieur de l'Excelsior, ce ne sont que tôles rivetées, manomètres et tuyauteries. On se croirait dans les coursives d'un cuirassé, ou mieux, d'un de ces sous-marins dont le tout récent conflit mondial a démontré qu'ils étaient une forme d'arme absolue, l'avenir de la guerre en mer. De ce pont de vue, *Himmelskibet* est peut-être bien la première occurrence de ce que l'on pourra appeler « syndrome du sous-marin » : l'aviation ne dépassant pas encore le stade de la toile et de l'habitacle ouvert (le vaisseau du capitaine Avanti affecte d'ailleurs plutôt la forme d'un dirigeable, avec même une grosse hélice), c'est la machinerie à vapeur des *Titanic* et autres *U-boots* qui est convoquée pour servir de cadre au récit. Il convient au passage de remarquer les effets de photographie très travaillés, les jeux de lumière et d'ombre très élaborés à l'intérieur du vaisseau, qui annoncent déjà le travail de Fritz Lang et des expressionnistes allemands.

On peut noter aussi que, coïncidence ou application des formules de Tsiolkovski, la durée du voyage donnée dans le film est de six mois, ce qui correspond aux estimations modernes de la NASA pour un vaisseau à propulsion classique.

Une fois arrivés sur la planète rouge, les hommes sont tendus et ne se déplacent que lourdement armés, caparaçonnés de cuir, le revolver à la main comme des explorateurs dans les tréfonds de l'Afrique. L'Europe sort de la guerre et nos pionniers ont la morgue des conquérants.

Ils sont déstabilisés par la peuplade qu'ils découvrent : au lieu de Sélénites à demi sauvages, ils rencontrent des Martiens hautement civilisés, dont la culture a depuis longtemps dépassé la guerre et la violence. Mars, monde théoriquement placé sous le patronage du dieu de la guerre, est en fait un repaire de hippies télépathes et végétariens, portant de longues robes blanches et accompagnés de jeunes filles préraphaélites qui ne laisseront pas indifférents nos rudes matelots. Initié pourtant sous les meilleurs auspices, le contact s'avère difficile : abattant un oiseau[17] à titre de démonstration, le capitaine Avanti passe pour un sauvage.

Une fois encore, le ciel et ses mondes innombrables permettent un effet de miroir, une projection. Cette planète Mars idyllique où débarquent nos soudards est un contre-modèle, une utopie proposée à une Europe sortant tout juste de la grande boucherie, et qui aspire à la paix et à un amour traversant les distances astronomiques.

Le message ne sera pas reçu et, ironie de l'histoire, « *avanti* » deviendra un cri de ralliement des fascistes italiens.

On n'est plus exactement dans l'utopie avec le roman *Aelita*[18] (Alexei N. Tolstoy, 1923) et le film à l'ambiance visuelle très constructiviste qui en a été tiré (Yakov Protazanov, 1924). *Aelita* raconte aussi un grand voyage martien, mais il est difficile de savoir s'il s'est inspiré

17 La scène de la colombe grillée par l'ambassadeur martien dans *Mars Attacks !* est l'écho de cette séquence. Sauf que les hippies martiens d'*Himmelskibet* sont des personnages positifs et sympathiques, alors que les hippies terriens de *Mars Attacks !* sont des ânes bâtés qui méritent quand même un peu ce qui leur arrive.

18 Une des éditions françaises a été retitrée *Le Déclin de Mars*.

d'*Himmelskibet* : le film danois ne sortira en Russie qu'en 1926. Le succès est en tout cas considérable.

Hélas, la version cinématographique d'*Aelita* disparaît des écrans quand le Parti commence à décider du contenu de la culture, et demande instamment du réalisme, toujours plus de réalisme socialiste, dans le cadre d'un art « plus près de la vie ». Ce *diktat* condamnera la science-fiction soviétique pour plusieurs décennies, jusqu'au dégel des années 1950[19].

Et pourtant, le film avait tout pour plaire à Staline : si les héros parviennent à déclencher la Révolution sur la planète rouge, elle est vite récupérée et trahie par l'élite qu'elle était censée abattre. Dégoûtés, les héros reviennent sur Terre et détruisent les plans de la fusée. On peut sans difficulté, et même sans trop de mauvais esprit, y voir un message anti-trotskiste. Qu'importe.

19 Comme par hasard, c'est au moment du Dégel qu'on sortira Serguei Korolev du goulag.

Aelita, et ses odieux possédants martiens exploitant les masses laborieuses.

Le constructivisme en action. De très beaux décors, pas forcément très pratiques (Aelita)

Et qu'importe même que toute la séquence martienne s'avère à la fin du film être un rêve d'un des personnages. Une chape de plomb, on n'ose dire un rideau de fer (il serait légèrement anachronique), tombe à l'époque sur l'imaginaire russe. Tsiolkovski et ses disciples n'ont plus droit de cité pour quelque temps. Le vieux maître aura certes droit à de belles funérailles en 1935, mais c'est surtout parce que dans la mort, il devenait apparemment inoffensif.

ÇA NE MARCHE PAS AVEC DU PÉTROLE, MAIS AVEC DES IDÉES

De toute façon, pour atteindre les vitesses et traverser les distances mises en jeu par le vol spatial, le monde réel ne dispose pas encore d'un matériel approprié. Si le principe de la fusée et des carburants liquides est rapidement accepté par tous ceux qui s'intéressent au sujet, reste à le concrétiser.

Dès avant-guerre, le physicien Robert Goddard tente de résoudre un à un les problèmes techniques qui se posent : c'est en 1913 qu'il développe des moyens mathématiques de calculer la position et la vitesse d'une fusée en vol vertical en fonction de la masse des propergols, ces carburants et comburants liquides qui deviendront rapidement la règle, et de la vitesse de leur éjection. L'idée était de créer des engins météorologiques permettant l'étude des hautes couches de l'atmosphère[20]. En 1914, il put ainsi déposer des brevets pour des fusées à plusieurs étages, propulsées au pétrole et aux oxydes d'azote.

C'est un avion ? C'est un oiseau ? Non, c'est une fusée, telle que la conçoit Goddard.

Restait à les construire, et il y emploiera la meilleure partie des années 1920. Son objectif réel était d'envoyer des sondes photographiques à destination de la Lune, mais tout le domaine était à inventer : si la première chambre à combustion fonctionne dès 1923, il faut ensuite développer les pompes qui y achemineront carburant et comburant.

Ce n'est qu'en mars 1926 que Goddard peut tenter un test grandeur nature du moteur, avec le décollage d'un engin biscornu qui parvient à une altitude de plus

20 Officiellement, mais les créateurs de l'astronautique ont quasiment tous dissimulé leurs rêves à long terme sous des prétextes plus pratiques leur permettant d'obtenir les premiers financements.

de douze mètres avant d'aller s'écraser dans la neige. Il faut un début à tout, et c'est après cet essai démontrant l'efficacité du moteur lui-même que Goddard installe un système de contrôles par gyroscopes permettant de stabiliser la trajectoire. La fusée moderne est un engin encore très fruste, mais c'est enfin une réalité.

En Allemagne et en Tchécoslovaquie, comme aux États-Unis, l'on s'intéresse de plus en plus aux possibilités ouvertes par ce nouvel engin. Et l'on calcule ses caractéristiques en termes de masse et de vitesse. Les formules de Tsiolkovski ont déblayé le terrain, mais il s'agit à présent de leur donner un tour pratique. Et de penser encore plus loin : l'ingénieur slovène Herman Potočnik, dans son ouvrage *Das Problem der Befahrung des Weltraum*s (1928, publié sous le pseudonyme Hermann Noordung), dresse le tableau des problèmes à résoudre pour le vol de longue durée, et décrit une partie des solutions, parmi lesquelles une station orbitale en orbite géostationnaire, en forme de roue, dont la rotation permet à ses occupants de vivre sous une gravité artificielle.

Dans le monde germanique encore, *La Femme dans la Lune* (*Frau im Mond*, Fritz Lang, 1929) présente une fusée à réaction d'un réalisme jamais vu à l'époque, même si ses occupants y accèdent par le truchement d'une bête échelle de corde. Ce film visionnaire démontre que les idées de Tsiolkovski se sont déjà nettement popularisées et vulgarisées et renvoie aux oubliettes les canons géants de Jules Verne et les stores roulants en cavorite décrits par H. G. Wells.

Quarante ans avant que l'homme ne pose réellement le pied sur la lune, le film se permet d'anticiper les lancements spectacle de la NASA, les systèmes mobiles permettant de déplacer le vaisseau à la verticale, de son hangar géant jusqu'à son pas de tir, et il se paye même le luxe d'inventer le compte à rebours. Il faut dire que l'ami Fritz s'est attaché les services d'un conseiller scientifique nommé Hermann Oberth. Ce même Oberth qui est aujourd'hui considéré comme un des pères fondateurs de l'astronautique, dans la continuité directe de Tsiolkowski : il a été l'un des pionniers des propergols et il fera partie, plus tard, des conseillers de Wernher von Braun[21] à la NASA. C'est par exemple Oberth qui a démontré par le calcul la nécessité des fusées à plusieurs étages[22], et cet aspect est d'ailleurs répercuté dans le film.

Cette caution scientifique se voit dans le soin apporté aux détails et à l'aspect parfois très didactique du récit, qui par ailleurs se concentre dans sa première partie sur le vol des plans de la fusée dans le plus pur style de ce que seront plus tard les aventures de Tintin et Milou – d'ailleurs un des personnages fera le voyage vêtu de culottes de golf. On peut probablement attribuer le côté financier et cosmopolite des méchants à la scénariste Thea von Harbou, épouse du réalisateur, que ses engagements politiques éloigneront quelque peu de son mari dans les années 1930.

Le sens du détail de Lang et Oberth va jusqu'à l'installation de sangles partout dans l'habitacle pour permettre aux vaillants conquérants de la Lune de se déplacer malgré les effets de l'apesanteur, effets hélas

21 Au début des années 1930, Von Braun est d'ailleurs l'élève d'Oberth au sein de la *Verein für Raumschiffahrt*, l'Association pour les voyages dans l'espace.

22 Tsiolkovski en avait eu l'intuition, mais c'est bien Oberth qui en a formalisé le principe, calculant les rapports de masse au décollage entre les différents étages. Il a accessoirement aussi posé le principe de la station orbitale dans sa thèse de doctorat, en 1923.

non montrés dans le film, sans doute faute de moyens techniques pour les représenter efficacement. De même, le vaisseau embarque des scaphandres, mais ils ne seront pas utilisés, la zone de débarquement sur la Lune étant fort opportunément pourvue d'une atmosphère. Il faut y voir un effet de style hérité de Wells, et sans doute une volonté de Lang d'insister sur l'aspect merveilleux du voyage sans livrer à son public des images inquiétantes de spectres pataudes en armure. Mais l'on peut voir dans le souci du réalisme technique la patte d'un Oberth déjà en phase de réflexion poussée sur ce qu'allaient être par la suite les conditions du vol spatial.

Si la réflexion a plusieurs coups d'avance sur la technique, celle-ci progresse néanmoins à son rythme : dans les années 1931-32, le Suisse Auguste Piccard bat des records d'altitude en ballon et permet l'étude *in situ* de la stratosphère. Pour ce faire, il a mis au point un habitable, une sphère pressurisée qui permet de survivre dans l'air raréfié des très hautes couches de l'atmosphère, et à leur froid glacial. Cette sphère, à la forme permettant d'équilibrer les pressions et les tensions, servira de base de travail aux ingénieurs qui par la suite auront à créer des systèmes capables de quitter l'atmosphère en emportant un être vivant : elle est l'ancêtre direct du *Vostok* de Youri Gagarine. Après ces exploits, le professeur Piccard changea son fusil d'épaule et se tourna vers l'exploration des fonds marins à l'aide de bathyscaphe, dont l'habitacle était lui aussi une sphère de métal capable non plus de résister au vide, mais aux pressions colossales qui règnent dans les grandes profondeurs. Cette double casquette sera par la suite partagée par un scientifique de fiction, qui parcourra le chemin inverse : présenté lors de sa première apparition dans les *Aventures de Tintin* comme l'inventeur d'un sous-marin résolument nouveau, le professeur Tournesol sera aussi, par la suite, le concepteur d'une certaine fusée lunaire. Autre trajectoire parallèle, celle de Scott Carpenter (1925-2013), quatrième astronaute américain, puis pionnier de la vie sous-marine avec les expériences *Sealab*.

Un autre grand précurseur de l'accès aux plus hautes altitudes est le Français René Leduc (1898-1968). Leduc construit dès les années 1930 des appareils conçus pour les très hautes vitesses, propulsés par des statoréacteurs bien plus simples à mettre en œuvre que les turboréacteurs qui deviendront la norme par la suite.

Mais le statoréacteur ne permet pas un décollage « à froid », il est inefficace aux basses vitesses. Les premiers appareils de Leduc auront besoin d'être lancés par un autre avion. Pire encore, la guerre ralentira considérablement recherches, et le premier prototype ne volera qu'en 1949, après que le turboréacteur et le moteur-fusée se soient imposés comme des solutions techniques viables. Le *Leduc 010* et ses descendants, victimes de coupes budgétaires, rejoindront avec l'aérotrain le cimetière de ces projets français géniaux, mais trop en avance sur leur temps. Leur carlingue métallique profilée semble directement sortie d'une couverture de *pulp* et l'on s'attendrait presque à en voir surgir un héros décidé, le fulgurant à la main.

VIENS PETIT *ALIEN* DANS MON *COMIC STRIP*

Les *pulps* et autres *comic strips* des années 1930, en dotant l'imaginaire spatial d'une imagerie propre, vont rapidement consommer le divorce entre anticipation spatiale et aventure cosmique, cette dernière catégorie finissant par être appelée *space opera*. Dans le *space opera*, surtout à

Howard Hughes promet le jet-pack dès 1939.

HUGHES
INDUSTRIES
Rocketing into the Future!
1939
NEW YORK WORLD'S FAIR

l'époque, l'accent est mis sur le *sense of wonder* et l'action pure, le réalisme documentaire passant au second, voire au troisième plan, quand il ne meurt pas tout simplement étouffé par l'absence d'air des nébuleuses hostiles peuplées de potentats planétaires à l'apparence inquiétante de mandarins chinois. Le *space opera* classique des *pulps* est le descendant direct de ces westerns en *dime novels* racontant les nouvelles aventures de plus en plus fantaisistes de Buffalo Bill ou de Doc Holliday, ces fascicules dans lesquels, « *quand la légende dépasse la réalité, alors on publie la légende* ».

Inutile en effet de chercher le moindre réalisme dans *Les Aventures de Northwest Smith* (*Northwest of Earth*, Catherine L. Moore, dans *Weird Tales*) ou de Buck Rogers, ce n'est pas le propos des auteurs. Et si Moore parle du « cuir de pilote »[23] de Northwest Smith, les descriptions d'astronefs et de spatioports sont quasi inexistantes. Le lecteur est implicitement renvoyé à la couverture du magazine qui propose dans le meilleur des cas un cigare de métal assez générique, quand elle n'illustre pas une autre nouvelle, par exemple une aventure de *Conan le barbare* (dont Northwest Smith semble être d'ailleurs une incarnation futuriste). À la décharge des illustrateurs, on manquait encore passablement de modèles concrets : au début des années 1930, les avions à carlingue métallique sont le summum de la nouveauté, et ils volent encore avec des moteurs à piston et de grosses hélices. Pour les engins de très grandes dimensions, c'est le dirigeable, le « Zeppelin », qui peut encore servir de modèle. Et si le principe du moteur à réaction est à peu

23 Directement inspiré des tenues chaudes en cuir fourré portées par les pilotes de chasse.

près connu, l'esthétique de la fusée n'a pas encore été tellement développée. Il suffit de voir les prototypes de Goddard à l'époque, en forme de cages à poules, pour comprendre qu'il y a encore du chemin à faire avant la ligne aérodynamique du V2 et de ses descendants.

Et d'ailleurs, aérodynamique, pourquoi faire si l'on va dans le vide de l'espace, qui ne génère ni friction ni traînée ? Du coup, dans les récits des *pulps* et sur leurs couvertures, bien des vaisseaux ont l'allure d'énormes boulets de canon percés de sabords, ou de cigares gigantesques, quand ils ne présentent pas des formes complètement tarabiscotées[24]. Le *sense of wonder* passe aussi, depuis au moins les légendes de la tour de Babel et des Néphilim, par l'énormité et le gigantisme.

24 L'illustrateur Chris Foss saura s'en souvenir, des décennies plus tard, quand il reviendra à des engins spatiaux aux formes torturées d'ustensiles de cuisine ou de machines-outils.

UN COUP DANS LE CASQUE

Mais plus que la représentation du vaisseau, c'est celle du scaphandre qui fait le cosmonaute. Le scaphandre est, avec la fusée, l'outil de travail principal et quasiment la raison d'être de l'explorateur de l'espace. Il va même en devenir l'attribut fonctionnel. Si, à partir du moment où la fiction commence à prendre en compte les effets du vide, les premiers modèles qu'elle montre sont directement inspirés des tenues de plongée et type « pied lourd » avec combinaison ample en caoutchouc ou en cuir et casque de cuivre à hublot, les illustrateurs de *pulps* vont rapidement mettre au point quelque chose de bien plus visuel. Le casque devient alors une cloche de verre transparent ou un bocal sphérique et la combinaison quelque chose de plus collant, de plus près du corps, avec éventuellement des renforts aux genoux et aux coudes. Le tout permet de mettre en valeur la plastique parfaite et les expressions terrorisées de demoiselles

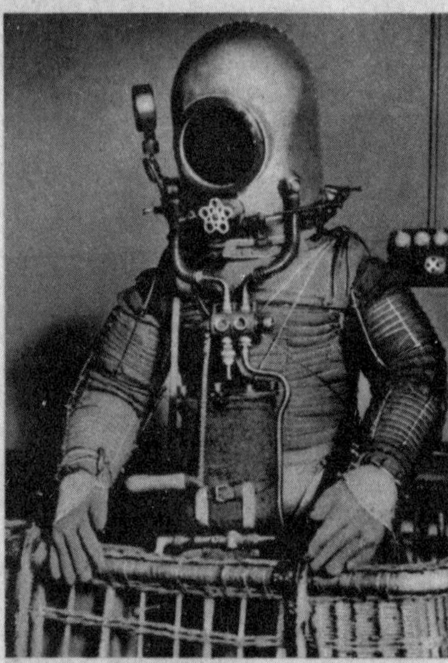

Looking like a man from Mars, Lieut. Col. Herrera, Spanish

New Stratosphere Flying Sui
Tested In Airless Chambe

LOOKING like a man from Mars, Lt. Co Emilio Herrera demonstrated the feasi bility of his stratosphere flying suit in an im pressive test of man and equipment. Sim ulating conditions he expects to find on hi proposed stratosphere flight, he remained i an airless chamber at a temperature of 70 de grees below zero for a period of more tha two and a half hours.

His specially designed flying suit is fitte with a device for maintaining proper atmos pheric pressure. It also features an oxyge generator and a heating system for maintain ing a comfortable body heat.

Lt. Col. Herrera is the Director of th Superior Aerotechnical School of Spain. H hopes to be the first man from his native lan to make a successful stratospheric trip. N date has been actually set for the flight, b he expects to start as soon as his present ex periments, which are being conducted i Mexico, have been completed.

Inventer un scaphandre capable de survivre au manque d'air aura été un travail de longue haleine. La mode spatiale a fait des progrès depuis, avec des tenues un peu plus glamour.

en détresse menacées par des extraterrestres aux yeux globuleux et surtout la virilité écrasante de leurs sauveteurs. Ce type « héroïque » du scaphandre spatial sera développé par la suite dans les *comic strips* et culminera dans les années 1950 avec les bandes de science-fiction publiées par EC Comics et illustrées par Wallace Wood ou Al Williamson, bandes qui lorgneront souvent sur l'horreur spatiale à base de monstres gluants, de solitudes glacées ou de contaminations venues d'ailleurs. Le besoin fondamental qu'a le cosmonaute d'un ingénieur et d'une armée de techniciens pour l'alimenter en fusées et en combinaisons n'est à l'époque qu'à peine évoqué, remplacé par la figure de l'« inventeur », qui l'accompagne dans ses aventures, quand il n'en est pas le héros. C'est Barbicane ou Cavor, puis Zarkoff et même, plus tardivement, Tournesol. La science-fiction a à peu près prévu Gagarine ou Grissom, mais il lui faudra encore du temps pour tout à fait cerner von Braun et Korolev. Par contre, aussi fantaisistes soient-ils, le vaisseau et la combinaison sont là presque dès l'origine.

Le scaphandre s'y fait armure de chevalier et cache-poussière de voyageur. Il atteint rapidement une dimension iconique. Qui dit scaphandre spatial dit cosmonaute, même si le terme n'a pas encore été inventé : son allure et ses attributs sont décantés dès les années 1930.

Pourtant, le commodore Hart, vaillant explorateur nazi qui fait le tour de la Lune dans *Le Vol du Spationef 1* (*Weltraumschiff 1 Startet...*, Anton Kutter, 1940), ne porte ni casque ni scaphandre. Se voulant réaliste, ce film de science-fiction en forme de faux documentaire produit en Allemagne ne montre aucune sortie extra-véhiculaire, faute de données suffisantes. Par ailleurs, le spationef sort tout droit d'une couverture de *pulp*, c'est un gros dirigeable à ailerons percé de sabords, avec une ouverture à l'arrière pour le moteur-fusée. Il est amusant de constater que ce film de propagande (apparemment monté à partir d'un film de science-fiction inachevé tourné trois ans plus tôt) destiné à imposer l'idée d'une supériorité de la science allemande dans ce domaine n'ait pas pris la peine de consulter les nombreux spécialistes dont dispose le pays. L'idée est plutôt de frapper les esprits, et même les télescopes prennent des allures inquiétantes de canons montés sur tourelles.

Pas de débarquement en fanfare, pas de phrase historique, mais une construction habile évoquant délibérément les bobines d'actualités que les cinémas passent à l'époque en première partie, avant les films. Et en arrière-plan, un message quasi subliminal : pour le Troisième Reich, la Terre n'est qu'un marchepied, les peuples adverses un obstacle mineur sur la route de la conquête universelle. Si les Soviétiques des années 1930 ont tourné le dos à la science-fiction, l'Allemagne nazie a bien compris qu'elle peut frapper les esprits. Goebbels avait avoué à Fritz Lang que ses films d'anticipation étaient une inspiration pour lui (ce qui selon la légende avait déclenché la fuite du cinéaste, d'ailleurs), et le nazi de l'espace finira par s'imposer comme une figure de l'imaginaire, une face obscure et ténébreuse du cosmonaute.

Mais au fait, où commence et s'arrête le récit de cosmonaute ? S'il se termine, comme on l'a vu, aux frontières du *space opera* qui en est peut-être la continuation, le stade suivant dans une perspective de conquête et d'appropriation du cosmos, il inclut aussi des récits de colonisation de mondes nouveaux, de naufrages spatiaux et de premiers contacts avec des intelligences autres.

On pourrait hasarder une catégorisation des récits spatiaux, une forme de séquence chronologique globale dans laquelle ils semblent s'insérer :

D'abord le récit de pionnier, de cosmonaute qui effectue de grandes premières.

Puis le récit concernant ses suiveurs, ceux qui affinent la technologie et lui donne un sens dans la vie quotidienne des rampants. C'est à peu près le stade où en est rendu notre monde réel, et qu'il semble incapable de dépasser pour l'instant.

Peu à peu, les routines s'installent dans l'espace, avec des liaisons régulières, une présence massive en orbite d'ouvriers plutôt que de pilotes, ce qu'on retrouve dans bien des nouvelles de Robert Heinlein.

Vient ensuite le récit de colonisation, avec les installations de longue durée sur des planètes plus ou moins hostiles, jusqu'à ce que le colon se sente chez lui sur son monde d'adoption : c'est précisément le sens des *Chroniques martiennes* de Ray Bradbury ou de *Terre, Planète impériale* d'Arthur C. Clarke ou de *The Expanse* qui fait la jonction avec la suite.

Et finalement, l'espace se parcourt en tout sens et à grande distance. Là, le récit entre de plain-pied dans le domaine du *space opera* et sort rapidement du domaine qui nous intéresse ici

Le pionnier spatial se sent chez lui surtout dans les histoires relevant du genre *hard science,* dans lesquelles le réalisme technique l'emporte parfois sur l'émerveillement et le développement des personnages, et dont Arthur C. Clarke se fera dans les années 1960-70 l'un des plus éminents représentants ; ce genre précis explorera les quatre premiers termes de notre énumération.

Mais pendant la Deuxième Guerre mondiale, la *hard science* n'est pas encore tout à fait à l'ordre du jour, et le ciel garde son attrait philosophique, comme le montre un curieux roman illustré : *Le Petit Prince* (Antoine de Saint-Exupéry, 1942), tient une place particulière dans la culture moderne. À la fois récit faussement naïf qu'on lit aux enfants et conte philosophique mordant, il renvoie aux utopistes des temps anciens projetant sur le firmament les faiblesses et travers humains. Le narrateur, qu'on devine pilote à l'Aéropostale, confesse d'ailleurs discrètement l'irréalité de son récit en racontant s'être endormi sous l'aile de son avion avant l'arrivée du Prince, cet étrange vagabond se déplaçant d'astéroïde en astéroïde. Le prince n'est pas exactement un cosmonaute – sa redingote irait sans doute mieux, pour les accompagner dans leurs voyages, à Barbicane ou à Münchhausen qu'à Alexeï Leonov –, mais il a vu du pays, il a visité l'univers et ses mystères et en rapporte autant de questions que de lumières sur notre nature. Une fois encore, le lointain firmament se pare des atours d'un miroir, et nous renvoie notre reflet exact. Écrit en pleine guerre, ce conte distille une forme de mélancolie face à l'absurdité foncière de notre comportement collectif, et surtout face la petitesse de nos âmes dans un univers gigantesque.

Le principe de l'avion ultrarapide lancé par un gros porteur fera école : ce sera aussi celui des X-1 et X-15 des années 1940 à 70.

LA CONTINUATION DE LA POLITIQUE PAR D'AUTRES MOYENS

Comme souvent, une guerre à mort conduit à la distribution prodigue de ressources à des chercheurs capables de promettre de nouvelles armes, chercheurs qui sinon passeraient pour de doux rêveurs : on se souvient que la thèse de doctorat d'Oberth sur la vie dans l'espace avait été rejetée au début des années 1920 par l'université de Göttingen, car jugée trop utopique, et qu'il avait dû se résoudre à poursuivre ses études en Hongrie. Avec la guerre, le haut commandement allemand voit très bien le parti à tirer d'armes sans pilote permettant de frapper le territoire ennemi en profondeur. Et Wernher von Braun, un des meilleurs élèves d'Oberth[25], lui fournit un projet séduisant, la fusée A4, bientôt renommée V2, une « arme qui va plus loin que le canon » et qui surtout, n'en est pas un, ce qui permet de contourner les restrictions du Traité de Versailles.

Pour mettre l'arme au point, l'Allemagne nazie fournit une solution intégrée : la base de Peenemünde (fondée en 1936) avec l'infrastructure et le savoir-faire nécessaires pour tirer des missiles sur l'Angleterre, et le camp de concentration-usine de Dora-Mittelwerk pour produire les fusées elles-mêmes. L'engin, sur rampe mobile, peut être tiré d'à-peu-près n'importe où. Hitler, en quête de *Wunderwaffen* capable de faire basculer le cours de la guerre, soutient le projet.

25 Oberth, sérieusement handicapé par l'explosion d'un prototype, refusa au départ de participer aux programmes militaires, mais intégra finalement les équipes de Peenemünde en 1941.

Le V2, l'arme de douze tonnes développée par von Braun, est encore imparfait, imprécis, et peu fiable, au point que Churchill affectera de s'en moquer. Mais dans un contexte militaire, il joue parfaitement son rôle d'arme de terreur, trop rapide pour être repéré par les radars encore frustes de l'époque et pour être intercepté par la chasse ennemie, il n'a pas besoin de frapper avec une très grande précision pour jouer son rôle psychologique.

Et en tant que banc d'essai, c'est un outil phénoménal. L'équipe de von Braun peut enchaîner les tirs, près de 3 000 en moins d'un an, avec néanmoins de spectaculaires échecs de type perte de contrôle après le décollage, ou explosion sur la rampe de lancement. Le V2 est un engin à propergols liquides, capable d'emporter une charge utile de 700 kilos à une centaine de kilomètres d'altitude, c'est-à-dire pas encore à la limite inférieure de l'orbite basse (160 kilomètres), mais six fois plus haut que le meilleur des ballons du professeur Piccard.

Le bureau d'étude qui a produit le V2 ne compte pas s'arrêter en si bon chemin. Si la désignation V2 est un sigle militaire (*Vergeltungswaffe* 2, « arme de représailles 2 »), la dénomination réelle de l'engin par ses concepteurs est A4 (*Aggregat 4*[26]). Sur la planche à dessins, la série va jusqu'au A12, une fusée de 3 500 tonnes et 33 mètres de hauteur, à quatre étages, permettant d'atteindre l'orbite basse et d'y placer une charge utile. Ou de frapper n'importe quel point de la planète.

26 Le nom provient de l'idée qui parcourra toute la série : une architecture modulaire, un assemblage de blocs adaptés à des missions. L'A10 est par exemple une version de l'A9 à laquelle on a ajouté un étage supplémentaire, et l'A11 un A10 équipé d'un troisième étage.

La fin de la guerre voit l'occupation de la région de Peenemünde par l'Armée rouge, puis son intégration à ce qui deviendra l'Allemagne de l'Est. Les Russes saisissent les archives et une partie du matériel. Les ingénieurs, ou en tout cas, les principaux d'entre eux, ont fui les lieux, préférant être capturés par les Américains ou les Britanniques.

Avec le V2 les armes de fin du monde se font les défricheurs de l'accès aux autres planètes. Mais à l'époque, il ne s'agit pas encore d'atteindre la Lune, juste Londres.

L'enjeu technologique de l'immédiat après-guerre sera la bombe atomique. Mais très rapidement, la question du vecteur de la Bombe se posera. Et alors, les grandes puissances se souviendront des expériences de Wernher von Braun et de ses équipes.

Le premier film de science-fiction sérieux du monde. En tout cas du monde américain.

CHAPITRE 3 : ALLER PLUS HAUT, ALLER PLUS HAUT, SE RAPPROCHER DE L'AVENIR

« Voilà, les chevaux sont prêts,
il ne manque que l'équipage. »
Sergueï Pavlovitch Korolev (1907-1966)

La fin de la guerre libère les esprits et les corps, et donc l'imaginaire, et l'on se prend à nouveau à rêver à la Lune. En plus, les nouvelles inventions des années 1940 donnent corps à ce rêve : le moteur à réaction a cessé d'être un jouet théorique et équipe désormais des engins produits en série, qui ont été utilisés à la toute fin du conflit. Et en 1947, il permet même au pilote d'essai Chuck Yeager de passer le mur du son aux commandes d'un engin évoquant dans sa ligne les plus aérodynamiques des couvertures de *pulps*, le Bell X-1. Ce vol est le prélude indispensable à l'accès aux très hautes vitesses, mais il est tenu secret au départ.

Puis, l'Air Force et le Département de la défense comprennent le parti à en tirer en termes d'image, diffusent l'information et, dès lors, c'est une explosion d'œuvres grand public : l'image de la vitesse, au cœur du Futurisme des années 1920, a enfin trouvé à s'incarner dans quelque chose de nouveau et surtout de moins terre-à-terre que le train : le *jet*.

Les problèmes techniques à résoudre sont néanmoins légion, et surtout ils sont nouveaux. Il s'agit de faire fonctionner appareil et pilotes à des altitudes où l'air se raréfie dangereusement et à des vitesses générant des vibrations mettant en péril l'existence même de l'appareil. Et quand on accélère encore, on se trouve confronté à des instabilités aérodynamiques puis à des frictions risquant de faire fondre la carlingue.

Mais les bureaux d'étude s'y attaqueront de front, et produisent toujours plus d'engins expérimentaux, aux caractéristiques toujours plus délirantes, volant toujours plus vite et toujours plus haut. Cette tendance culmine avec des appareils produits en grande série, comme le Lockheed F-104, un chasseur effilé comme un dard, qu'on appellera *Starfighter.* À son bord, Chuck Yeager, toujours lui, bat un record d'altitude (33 kilomètres, atteints grâce à un modèle modifié, mais l'affaire reste non homologuée parce que l'avion n'y a pas survécu) qui sera éclipsé par ces pilotes d'essai qui intégreront une structure nouvelle, la NASA. Mais aussi par le North American X-15, une machine pulvérisant tous les records de l'aviation classique (108 kilomètres d'altitude et 7200 km/h) et dont toute la carlingue doit être construite en

Chuck Yeager, pilote de fusée, auquel on disait qu'il allait droit dans le mur.

métaux spéciaux, recouverts de couches d'isolants. Les performances de la machine sont telles que huit des pilotes seront rétroactivement considérés comme des astronautes par l'US Air Force[27]. Certains d'entre eux, comme Neil Armstrong et Jim Lovell intègrent d'ailleurs le programme Gemini.

Les enjeux sont à ce stade la motorisation et les matériaux. Si les équations fondamentales de la propulsion remontent à Tsiolkovski et Oberth, les ingénieurs qui se sont penchés sur le moteur-fusée ont rencontré toutes sortes de difficultés techniques.

Elles sont amplifiées par le fait qu'aux très hautes vitesses, le guidage devient délicat. Les surfaces de contrôle aérodynamique habituelles des avions, tous ces ailerons et autres volets qui marchent très bien en dessous de la vitesse du son, deviennent inopérantes à haute altitude et à très haute vitesse. Même les ailes peuvent perdre leur portance si l'on n'y prend garde, et plusieurs pilotes d'essai paieront ces découvertes de leur vie.

Mais la connaissance est cumulative, et les industriels construisant ces avions expérimentaux seront ceux qui produiront par la suite les capsules du programme spatial américain.

L'autre conséquence de cette course à la vitesse et à l'altitude, c'est que la conquête spatiale devient crédible. Ce n'est plus une foucade d'auteurs de seconde zone, confinés aux *pulps* de science-fiction, mais quelque chose que le grand public des années d'après-guerre

27 L'altitude internationalement reconnue pour être considéré comme cosmonaute est de 100 kilomètres. Par comparaison, l'apogée du « saut de puce » d'Alan Shepard, en 1961, était à 186 kilomètres.

attend avec optimisme. Si la course aux armements est la face sombre de cette époque, l'anticipation des vols spatiaux en est le versant lumineux.

Destination Lune (*Destination Moon*, Irving Pichel d'après Robert Heinlein, 1950) est un film d'un grand réalisme (pour l'époque) qui fera partie des sources d'inspiration pour l'*Objectif Lune* d'Hergé. Avec ce film, la science-fiction et la conquête de l'espace échappent aux *serials* fantaisistes auxquels ils étaient jusqu'alors cantonnés[28]. Ce métrage est réputé le premier film de science-fiction « sérieux » jamais produit par Hollywood. Mais les travaux concernant les fusées militaires n'ont pas encore été digérés par la conscience collective. La fusée qui part pour la Lune est un dard rutilant muni de grands ailerons, le genre d'engin qui a vocation à orner le bouchon d'un radiateur de ces voitures qui deviennent à la mode à l'époque. Son moteur nucléaire est aussi une pure invention, très en avance sur ce que l'on est capable de construire dans les années 1950. *Destination Lune* sera le modèle paradigmatique d'une décennie de films d'exploration spatiale.

En 1953, la presse prédisait qu'on n'en aurait plus pour longtemps (*Picture Show*)

28 Tout au moins aux États-Unis. On a vu plus haut que l'Allemagne, l'Union Soviétique et même le Danemark ont donné dans le genre dès les années 1920.

IT WON'T BE LONG NOW!

Rocket-powered spaceships will make overnight trips to the moon by 1975

IF YOU'D like to be the first human being to take a rocket-powered spaceship trip to the moon you have to get on line. Believe it or not, more than fifteen-hundred moon-lovers have already signed up with New York's Museum of Natural History to make that first interplanetary flight, scheduled for some time in 1975.

Foolish? Not very. Recent rocket experiments have shown that space travel is almost within our grasp, and as soon as a light, efficient power plant is developed—and it will probably be atomic energy—there will be no limits to man's ability to explore the outer reaches of space.

Within your lifetime it's probable that overnight trips to the moon will be as common as a train ride to New York. Flights to Mars or Venus may take our scientists a little longer to accomplish, but the plans are on the drawing board, and who will dare say "impossible"? Space travel is no longer a dream. All aboard for the moon!

Experts inspect captured German V-2 rocket at New Mexico proving ground. The Germans were first in rocket research, had planned spaceships to moon

New movie "Destination Moon" gives authentic account of first trip to our only satellite. Moon has no atmosphere, water or plant life.

Drawing depicts a visit by earthmen to the moon. They are sending rays to the earth reporting on what they found. We made radar contact with moon in 1946.

Le point sur Robert

Robert Heinlein est, aux États-Unis, considéré comme l'une des grandes étoiles de la science-fiction[29]. En France, il est toujours resté au second plan, peut-être pour des raisons idéologiques : l'anarchisme de droite de Heinlein, son « libéralisme libertaire » proche des libertariens, n'a pas réellement d'équivalent dans la pensée politique de ce côté-ci de l'Atlantique. Il est du coup souvent catalogué « auteur de droite ». Ce qui là-bas est un gage de conformité est ici quasiment une marque d'infamie. La réalité est bien sûr beaucoup plus complexe, comme a pu le démontrer l'adaptation filmique de son roman militariste *Starship Troopers* (*Étoiles, garde-à-vous !*), qui en faisait ressortir tout un second degré.

Si Heinlein a, sur la fin de sa carrière, beaucoup travaillé sur le rapport de l'homme à la société, dans la perspective politique qui est la sienne, ses débuts prodiguent de bien étranges visions de la conquête de l'espace. Surtout, elles sont étranges du fait de leur banalité justement assumée, à rebours du sensationnalisme des couvertures de *pulps* bardées d'astronefs conquérants et de monstres aux yeux globuleux.

Les débuts du cycle de *L'Histoire du futur* publié par Heinlein dans les années 1940 se démarquent passablement des histoires de l'époque. Ils montrent un espace encore dangereux, mais déjà aux mains de petits fonctionnaires du vol. Ces récits se situent en fait sur cette ligne très fine qui sépare le récit d'exploration spatiale du *space opera*, sur ce moment historique, que notre monde réel n'a pas encore tout à fait atteint, où

---

29 Voir, chez le même éditeur, l'ouvrage *Solutions non satisfaisantes, une anatomie de Robert A. Heinlein*, par Ugo Bellagamba et Éric Picholle.

Entreprise méthodique de démolition du scaphandre collant des héros de pulps, par un spécialiste du sujet.

l'espace se banalise, où la société a digéré cette ouverture dans l'ailleurs, et où les hommes de l'espace ne sont plus depuis longtemps cette élite des pilotes, ces hommes qui ont l'étoffe des héros. Ce ne sont plus des Louis Blériot ou Charles Lindbergh, mais des pilotes de ligne, des mécaniciens de bord. « Le Jockey de l'espace » (*Space Jockey*, 1947) est un pilote d'astreinte, un personnage banal qui commet l'erreur d'admettre un petit garçon dans son cockpit pour lui montrer les manettes. Dans « Les Vertes collines de la terre » (*The Green Hills of Earth*, 1947), le protagoniste est ni plus ni moins qu'un marin chantant son mal du pays comme au temps de la piraterie et de la course du thé. « Asseyez-vous, Messieurs » (*Gentlemen, Be Seated!*, 1948) montre que le bricolage et les décisions prises dans le feu de l'instant peuvent sauver des vies, mais qu'il faut parfois payer de sa personne lors d'inspections de routine d'une installation lunaire. Cet espace décrit par Heinlein est encore une étendue sauvage, mais elle est en cours de domestication.

Dans « Dalila et l'homme de l'espace » (*Delilah and the Space Rigger*, 1949), le plus dur à apprivoiser, ce n'est pas l'espace, mais la présence d'une femme seule au milieu des centaines d'ouvriers d'une station orbitale. Surtout s'il s'agit d'une femme au moins aussi compétente que son chef.

Le cycle se termine par un court roman très joliment titré *Les Orphelins du ciel* (*Orphans of the Sky*, 1941). C'est un des premiers récits de fiction mettant en scène un « vaisseau générationnel », une arche spatiale traversant les gouffres interstellaires à des vitesses non relativistes, mettant plusieurs siècles à arriver à bon port. Dans l'intervalle, le vaisseau devient le seul monde des générations qui s'y succèdent, au risque qu'elles perdent de vue l'objectif. Sous diverses formes, le principe en avait été décrit par Robert Goddard en 1918 et Tsiolkovski en

1928. Heinlein est le premier à lui donner corps dans un récit, et surtout à en évoquer les conséquences sociales sur ses occupants.

Le Vagabond de l'espace (*Have Spacesuit - Will Travel*, 1958) est clairement un roman destiné à la jeunesse, avec des péripéties farfelues et de l'humour. Mais Kip, le jeune homme enlevé par des extraterrestres, est un fou d'espace. Dans le futur proche où se déroule le récit, la Lune est en cours de colonisation. Suite à un concours, Kip reçoit un authentique scaphandre spatial ayant servi au travail lunaire, scaphandre qui a été dépouillé de ses éléments techniques comme la réserve d'air, le détendeur et la radio.

Notre héros va rafistoler la tenue, la remettre en état, et surtout reconstituer tous les éléments manquants, jusqu'à la rendre opérationnelle. L'astuce trouvée par Heinlein pour décrire le scaphandre dans ses moindres détails, de la façon la plus réaliste possible sans tomber dans le pensum didactique, c'est justement le fait qu'il nous parle avant tout des bricolages de Kip et la façon dont il tente de résoudre un à un les problèmes techniques posés par sa réfection[30]. Il faut dire que ces réflexions sont le reflet des propres problèmes posés à Heinlein pendant qu'il participait avec son copain Asimov au développement de combinaisons pressurisées destinées aux pilotes des premiers avions à réaction, pendant la Deuxième Guerre mondiale. Ce qu'il décrit n'est, du coup, pas fondamentalement éloigné des scaphandres réels utilisés quelques années plus tard lors du programme Mercury.

---

30 En version originale tout au moins. La séquence est hélas assez largement condensée dans la version française. Tout le passage concernant les effets de la pressurisation sur la mobilité de l'astronaute a par exemple été caviardé.

Valentin Michaël Smith, héros d'*En terre étrangère* (*Stranger in a Strange Land*, 1961) n'est pas si différent sur le fond des martiens d'*Himmelskibet*. Il se retrouve d'ailleurs dans la situation de la jolie martienne ramenée par Avanti dans le film danois : un étranger débarquant sur une terre bien plus violente que son monde d'origine. Un monde à la fois natal et d'adoption, néanmoins, car Valentin est le fils d'astronautes morts sur Mars vingt ans auparavant. Il a été élevé par les Martiens et le retour sur Terre, suite à une nouvelle expédition qui l'a récupéré, ne va pas sans poser problème. Terrien d'origine, Valentin n'est pourtant pas adapté à notre planète aux vertes collines. Ni physiquement, la gravité est trop forte ; ni mentalement, les structures sociales et mentales des Terriens lui semblent par trop curieuses. Pour Heinlein, c'est un moyen de soumettre notre monde au feu de la critique, par le biais d'un regard étranger. Il s'agit d'un principe exactement inverse de celui d'utopistes comme Swift ou Cyrano et se situant plutôt dans la logique des *Lettres persanes* de Montesquieu, à ceci près que Valentin Michaël Smith est à la fois l'observateur et le corps étranger venu d'ailleurs qui contamine le monde familier et le détruit.

La critique française aura quelques difficultés à réconcilier l'auteur de ce roman très *beat generation* avec le va-t-en-guerre apologue de la dictature militaire de *Starship Troopers* et l'anar de droite de *Révolte sur la Lune*. Il faut souligner une fois de plus qu'elle manque d'une catégorie politique qui permette de situer quelqu'un comme Heinlein, qui n'aime rien tant que de mettre les systèmes, quels qu'ils soient, en face de leurs propres contradictions.

Révolte sur la Lune (*The Moon Is a Harsh Mistress*, 1966) renoue avec la conquête de l'espace comme métaphore politique et comme incarnation de la Frontière. La Lune d'Heinlein est un bagne dans lequel les gouvernements terrestres envoient, aux côtés des détenus de droit commun, les opposants politiques radicaux. Ce sont ces derniers qui encadreront une révolte des bagnards et de leurs descendants, profitant de la situation pour expérimenter de nouveaux régimes politiques. Pour Heinlein, c'est l'occasion de développer ses propres idées. En effet, l'auteur est proche du mouvement libertarien, et ce Far West lunaire échappant à l'état de droit, mais aux coutumes très codifiées, lui permet de créer une utopie en devenir et de se livrer à une critique en règle des systèmes politiques et économiques classiques.

Plusieurs visions contradictoires de la présence de l'homme dans l'espace, mais avec toujours ce regard critique associé à une vraie réflexion technique. Et c'est en cela, aussi, qu'Heinlein est grand.

On l'imagine bien sur un capot de grosse américaine de l'époque, celui-ci. (Couverture d'Hannes Bok, 1956)

Décidément, la conquête du vide spatial est dans l'air (*Aventures de Demain*, 1956)

DES SOURIS ET DES HOMMES (ET DES FUSÉES)

En bandes dessinées, trois œuvres marquantes vont explorer vers cette époque ces planètes où la main de l'homme n'avait pas encore mis le pied. *Mickey sur la planète des Zourmis* (Bill Walsh et Floyd Gottfredson, 1949) est largement fantaisiste, comme il convient aux aventures de la souris la plus célèbre du monde. L'atmosphère terrestre est retenue par une couche de gelée translucide, et les effets de l'apesanteur peuvent être contrés par de simples semelles de plomb. Il faut dire que le cadre d'un *comic strip* humoristique quotidien se prête mal à des explications astronomiques détaillées : la narration y est rythmée par le gag et la surprise de fin de bande. La suite du récit est consacrée au débarquement sur une planète peuplée d'êtres étranges. Mickey et son camarade Iga Biva y joueront le rôle d'un élément perturbateur permettant d'y résoudre un conflit local[31].

Mickey et son compère assument le rôle du héros civilisateur tel qu'on le concevait à l'époque coloniale, mais ils n'ont bien sûr pas vocation à rester. Ce sont des aventuriers, et ils repartent pour d'autres aventures, sous d'autres cieux.

Dans *Outer Space Spirit* (1952), Will Eisner, Jules Feiffer et Wallace Wood envoient dans l'espace le détective masqué Dennis Colt, alias Spirit, car il doit contrôler un équipage de repris de justice destiné à poser le pied sur la Lune. Vers la même époque, le reporter Tintin

31 Le principe sera abondamment recyclé dans la série *Mickey à travers les mondes*, de Jean-Marc Lainé, Jérôme Wicky et José Antonio Gonzales, publiée entre 2005 et 2008 dans le *Journal de Mickey*.

participe à une mission lunaire de l'agence spatiale syldave dans *Objectif Lune* et *On a marché sur la Lune* (Hergé, 1950-1953).

Si le look et l'état d'esprit de l'aventure du Spirit évoquent les EC Comics de la même période, on peut y voir la patte du dessinateur Wallace Wood, spécialiste entre autres de la couverture-choc avec extraterrestres aux yeux globuleux menaçant de leurs tentacules gluants d'innocentes exploratrices et de preux conquérants du cosmos. La fusée sort tout droit d'une couverture de *pulps*. Pour le reste, le récit poursuit la veine du comique policier qui est le fonds de commerce d'Eisner à l'époque. Apesanteur et technologies ne sont évoquées qu'en passant, l'important ce sont les réactions des taulards embarqués dans l'aventure.

Les deux albums de Tintin, pour leur part, se veulent rigoureusement réalistes sur le plan scientifique. La fusée y est clairement dérivée du V2 allemand, summum technologique de l'époque, sauf qu'elle est équipée d'un moteur nouveau, un propulseur nucléaire. La fusée de Tintin, crée par le professeur Tournesol est un terrifiant monstre atomique crachant un feu mortel. La théorie nucléaire est abondamment mise à contribution dans le corps même du récit et les effets de l'apesanteur sont méticuleusement décrits, jusqu'au comportement des liquides bus par nos pionniers du cosmos.

Mais on peut trouver des analogies dans les deux récits. L'image de l'homme laissé en arrière revient dans les deux cas. Le professeur Wolf (dans Tintin) et Smets (resté sur la Lune pour délimiter sa propriété, dans *Spirit*) sont tels des sacrifices offerts aux dieux de l'espace pour assurer le retour. C'est d'autant plus le cas dans *On a marché sur la Lune* que l'oxygène vient à manquer, et que Wolf sort de la fusée pour laisser une chance à ses camarades et expier une trahison. Mais rester en arrière, c'est aussi ce à quoi revient la folie qui dévore le personnage de Buggsy, à la fin d'*Outer Space Spirit*. Écrasé par l'ampleur de l'univers qui s'étend autour de lui et dont il ne prend conscience qu'à l'occasion de ce voyage, pris d'un vertige pascalien auquel rien dans sa vie étriquée n'avait pu le préparer, le petit voyou se replie sur lui même et plonge dans une forme de catatonie. Si son corps vivant est ramené sur terre, son esprit restera à jamais dans les étoiles.

Ce prix à payer est au cœur de nombres de récits de l'époque. Peu à peu, la science-fiction prend conscience d'une altérité imprévue : l'homme reste-t-il le même quand il se confronte à l'ailleurs ? Le pilote du « Bateau ivre » (*Drunkboat*, Cordwainer Smith, 1940, une nouvelle appartenant au cycle des *Seigneurs de l'Instrumentalité*) revient terriblement transformé et traumatisé de ses passages par des espaces autres. Les Sondeurs (« Les Sondeurs vivent en vain », *Scanners Live in Vain*, C. Smith, 1950) doivent subir des transformations physiques épouvantables et handicapantes pour pouvoir avancer dans l'univers. Dans *Semailles humaines* (*The Seedling Stars*, James Blish, 1957) on assiste à un éclatement graduel de l'humanité en rameaux divergents, chacun adapté à la vie dans des conditions hostiles et différentes : planètes à très forte gravité, atmosphères toxiques ou absentes, mondes minuscules.

Outre-Manche, vers la même époque, le pilote du futur Dan Dare (*Dan Dare, Pilot of the Future*, 1950, Frank Hampton, puis Frank Bellamy), vole dans l'espace, mais n'est pas du tout affranchi de l'univers aéronautique : les personnages portent des blousons et casquettes de la Royal Air Force directement hérités de ceux des pilotes de *Spitfire* de la Bataille d'Angleterre. Les scaphandres sont réservés uniquement aux sorties extravéhiculaires et ne sont pas la norme. Le magazine *Eagle* qui publie ses aventures est déjà dans une certaine nostalgie de l'Empire, et l'exprime avec ce *space opera* militariste.

Mais les Britanniques, si leur programme spatial réel est rudimentaire et basé le plus loin possible de chez eux, à Woomera en Australie, vont déployer une véritable activité conceptuelle.

Le X-15, une autre voie vers l'espace, qui ne sera pas suivie. Ses meilleurs pilotes intégreront la NASA.

L'enfant d'Icare

Arthur C. Clarke est le pape d'un pan entier de la science-fiction, un de ces auteurs qui, à l'instar de Ray Bradbury, a réussi à sortir du ghetto dans lequel est enfermé le genre pour devenir un nom connu de tous, un auteur lu et apprécié bien au-delà des limites du *fandom*, et considéré par celui-ci par un des très grands, aux côtés par exemple d'Isaac Asimov.

Tout comme Heinlein avait été impliqué dans des recherches fondatrices pendant la guerre, Clarke travailla à la mise au point de radars puis, passionné d'aéronautique et d'espace, fut président de la *British Interplanetary Society*, une association visant à promouvoir l'exploration spatiale. Il avait été porté à ce poste suite à un article de 1945 proposant d'utiliser des satellites géostationnaires[32] comme relais de télécommunications, l'une des premières applications pratiques civiles trouvées à la conquête de l'espace.

Les bulletins de la *British Interplanetary Society* ont marqué les imaginaires britanniques en vulgarisant non pas le côté héroïque de la conquête spatiale, contrairement à ce que feront les services de propagande russes et américains des années 1960, mais plutôt les réalisations pratiques, celles-là mêmes qui sont tellement insérées dans notre vie quotidienne qu'on ne les remarque plus : transmissions télévisées, météorologie, communications à grande distance. L'un des premiers ouvrages publiés de Clarke sera d'ailleurs, en 1950, un manuel technique d'introduction à l'astronautique, donnant les

32 Il n'a pas inventé le concept de satellite géostationnaire, mais a été le premier à lui trouver une application pratique. Un des niveaux de l'orbite géosynchrone a depuis été nommé « orbite de Clarke » en son honneur.

bases de la mécanique orbitale, de la conception des fusées, mais détaillant aussi les lieux intéressants du système solaire vers lesquels les futures missions d'exploration devraient se concentrer en priorité, ainsi que l'utilité que pourraient présenter satellites et stations orbitales.

Ce goût de la prospective mena parallèlement Clarke à écrire et publier des fictions. D'abord des nouvelles, dont *La Sentinelle* (*The Sentinel*, 1948), qui servit de base de départ à son œuvre la plus connue, *2001 : l'odyssée de l'espace* (*2001 : A Space Odyssey*, 1968), mais aussi des scénarios de bandes dessinées pour *Eagle* et sa série vedette *Dan Dare, pilote du futur*.

Plusieurs thèmes se dégagent de l'œuvre de Clarke.

Le premier est celui de l'éloignement. Aux yeux de ceux qui ont colonisé l'espace, la terre devient un endroit lointain et peu à peu étranger, et le colon spatial amené à y revenir ne s'y sent plus chez lui, comme dans *Terre, planète impériale* (*Imperial Earth*, 1976).

Cet éloignement, à mesure que l'homme quitte le système solaire, peut même se transformer en isolation, ce qui induit des évolutions divergentes de l'homme dans l'univers, le début de ce processus étant décrit dans les *Chants de la Terre lointaine* (*The Songs of Distant Earth*, 1986), racontés du point de vue de colons installés depuis des siècles sur un monde océanique où ils ont développé leur propre culture, totalement coupés de leurs origines, jusqu'à l'irruption de colons terriens qui font escale un beau jour, en route vers d'autres mondes encore.

Ce processus est aussi décrit, différemment, par un autre auteur associé au genre hard science. L'Américain James Blish publie en 1957 le recueil *Semailles humaines*, dans lequel il postule qu'il sera peut-être plus simple pour l'homme de se transformer pour s'adapter aux mondes étrangers que de transformer ceux-ci pour les rendre compatibles avec sa propre physiologie. Le finissent par perdre tout référentiel commun, et que la communication devient graduellement impossible.

Cette transformation de l'homme pour quitter le berceau terrestre est une des clés de *2001*, où l'astronaute David Bowman se dépouille des contingences terrestres pour accéder à une forme de conscience totale de l'univers, mais aussi des *Enfants d'Icare* (*Childhood's End*, 1953), roman glaçant dans lequel cette transformation s'impose à toute une génération de l'humanité qui quitte alors sa planète d'origine, devenue inutile, comme le papillon quitte sa chrysalide. L'univers tout entier s'ouvre à elle, et elle n'a plus besoin de ce caillou ni des générations qui l'ont précédée.

La difficulté à communiquer avec l'autre est par ailleurs encore plus importante quand celui-ci n'a jamais été humain. C'est le thème de *Rendez-vous avec Rama* (*Rendez-vous with Rama*, 1972), le roman de Clarke peut-être le plus connu avec *2001*. Une expédition spatiale terrienne pose le pied sur *Rama*, un énorme artefact d'origine extraterrestre qui traverse un jour notre système solaire, mais qui est totalement vide de vie, alors même qu'il semble avoir été conçu pour la préserver dans l'immensité de l'espace interstellaire. Se muant en archéologues, les cosmonautes humains tentent de comprendre une civilisation dont les codes semblent destinés à leur échapper.

Les Fontaines du paradis (*The Fountains of Paradise*, 1979) traite de la banalisation des moyens. Le roman raconte la construction d'un ascenseur spatial[33] sur une île de l'océan Indien inspirée de Ceylan. Le chantier se résultat, c'est que les rameaux divergents de l'humanité

---

33 C'est aussi le sujet de *La Toile entre les mondes* (*The Web Between the Worlds*, Charles Sheffield) sorti la même année. À l'aube du programme Navette, l'envoi de charges utiles vers l'orbite à bas prix était décidément dans l'air du temps.

existe depuis des temps immémoriaux sur le sommet de la montagne où doivent être construites les installations. Le contexte est celui d'un âge de l'espace encore dans l'enfance qui cherche à accéder à l'âge adulte par le meurtre symbolique du père, ici représenté par la tradition religieuse, et la difficulté d'opérer une synthèse pourtant nécessaire.

C'est justement sur Ceylan que le vieux prophète de l'âge des satellites ira paisiblement finir ses jours, à l'ombre des temples millénaires.

L'apesanteur est enfin compris, avec la dissolution des repères qui l'accompagne. Haut et bas n'ont plus de sens. (Illustration de Cartier pour Astounding, 1952)

Dès qu'il s'agit de Clarke, à présent, la position par défaut de l'imagerie, c'est un alignement à la Kubrick. (couverture de Manchu).

SUR LES *STARTING-BLOCKS*

Au milieu des années 1950, la course aux armements est bien partie, mais celle à l'espace n'est pas encore officiellement lancée. Si de nombreux bureaux d'étude y travaillent, c'est dans une certaine discrétion, d'autant qu'une partie des spécialistes américains a un lourd passé, et qu'ils restent aux yeux d'une partie de l'opinion les ennemis d'hier. Seul leur engagement à combattre l'ennemi du moment, le communiste, permet à l'Amérique d'accepter ces anciens nazis dont l'armée maquille autant qu'elle le peut les dossiers pour les rendre à peu près présentables.

Dans ce contexte, la communication de Leonid Sedov en 1955 n'est pas tellement remarquée. L'académicien promet un satellite artificiel russe dans les dix-huit mois et il n'est pas pris au sérieux par les Américains qui, malgré le fait que l'Union Soviétique possède la Bombe depuis 1949 continuent à la voir comme un pays technologiquement arriéré.

Pour eux, il va de soi que c'est l'Oncle Sam qui montrera le premier la voie des étoiles, et il n'y a pas de raison apparente de les détromper. Et ce patriotisme spatial conduit Dwight D. Eisenhower à écarter von Braun contre l'avis de ses conseillers. Il sait bien, en tant que militaire, que l'opération *Paperclip* qui a permis de récupérer l'élite des scientifiques allemands s'est faite dans le dos de son prédécesseur, ramassant dans ses filets des gens souvent peu recommandables, quelles qu'aient été leurs qualités techniques et scientifiques par ailleurs.

Du coup, le grand vainqueur de la Deuxième Guerre mondiale ne veut pas dépendre d'un Allemand pour contrer les Russes, qui ne l'inquiètent guère de toute façon.

Ailleurs, on a une vision différente du problème. Dans son recueil de nouvelles *E=mc2* (1957), Pierre Boule (1912-1994), futur auteur de la *Planète des singes*[34] (1963) s'intéresse de près à certaines perspectives qu'ouvre cette conquête spatiale qui s'annonce et dans *Les Luniens*, il met en scène un délicieux quiproquo : les astronautes américains fraîchement débarqués sur la Lune – et dans le plus grand secret – découvrent que d'autres s'y sont installés avant eux, vêtus aussi de lourds scaphandres. Mettant au point un système de discussion basé sur les mathématiques, ils ont vite fait d'entrer en communication avec ces Luniens dont ils sont conduits à admirer la société : les bribes qu'ils perçoivent sont plus justes et égalitaires. Avant de découvrir que leurs interlocuteurs sont des cosmonautes russes débarqués peu avant, tout aussi secrètement. *Post equitem sedet atra cura*, disaient les Anciens[35], et aussi loin que l'on aille, l'on y emporte toujours ses soucis, préoccupations et limitations propres.

Plus coquin encore, l'auteur se pose des questions métaphysiques dans *L'Amour et la pesanteur*, qui se présente comme la longue interview d'un cosmonaute

34 Qui met en scène des astronautes victimes du paradoxe de Langevin. Mais dans la plus pure tradition philosophique du « ciel miroir », la distance spatio-temporelle devient prétexte à dresser un portrait acide de l'homme, de sa société, et de son arrogance, sous le masque d'une planète apparemment étrangère.

35 Ou plus précisément Horace, auteur aussi de la locution *Nunc est bibendum* sur laquelle nous reviendrons probablement puisque, par un caprice de l'histoire, le terme *bibendum* a pris un sens qui n'avait plus rien à voir avec son origine, et désigne un personnage dont l'allure gonflée évoque immanquablement les scaphandres pressurisés.

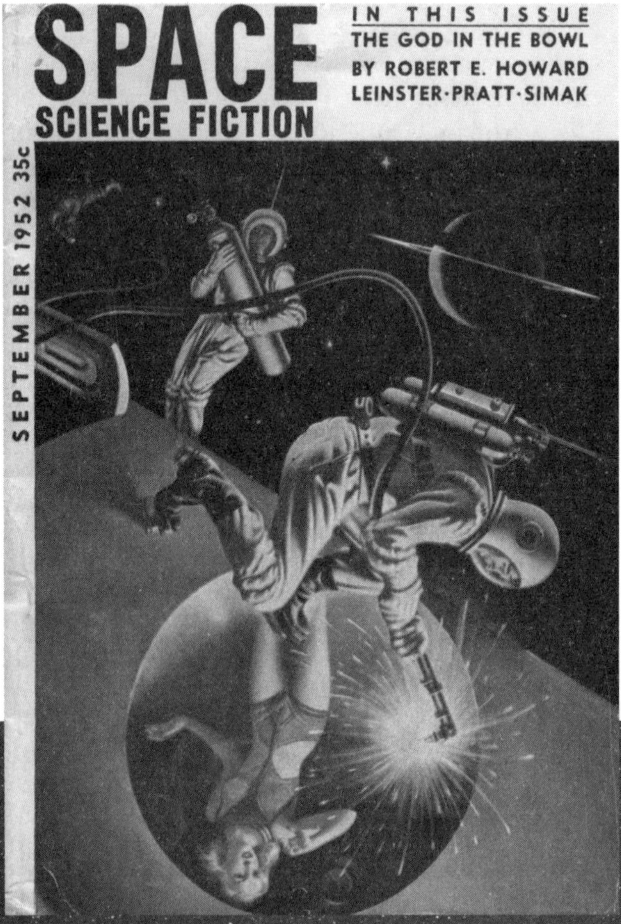

Les mécanos d'*Alien* ne sont déjà plus très loin. (Earle Bergey, 1952)

Les scaphandres s'apparentent souvent à des armures (Earle Bergey,1952)

revenu dépité de sa nuit de noces en orbite. Car en apesanteur, les lois de l'inertie montrent leur grande cruauté. Action et réaction ne sont plus limitées par tout ce qui les entrave au sol, et l'acte le plus banal peut requérir des précautions inédites.

Dans la foulée de *Destination Lune*, plusieurs autres films assez ambitieux continueront à profiter de l'engouement pour le ciel, tout autant que de l'alimenter.

Flight to Mars (Lesley Selander, 1951), présente encore un vaisseau à l'esthétique *pulp* marquée. C'est une fusée intégralement chromée, profilée, à ailerons. Pour un peu, on se croirait en présence du chasseur F-104 *Starfighter*, comble de la modernité aéronautique, dont le premier vol a eu lieu deux ans plus tôt avec Chuck Yeager aux commandes.

Conquest of Space (George Pal, 1955) est visionnaire, malgré ses effets spéciaux rudimentaires. Les effets de l'apesanteur et des accélérations y sont assez bien décrits, opposant d'ailleurs les vieux briscards aux « nouveaux » en proie au mal et aux terreurs de l'espace. Il montre également une station annulaire en rotation, créant une gravité artificielle. Au lancement de Spoutnik deux ans plus tard, la Paramount ressort d'ailleurs le film en basant sa campagne de promotion sur l'actualité, en martelant « on vous l'avait bien dit ».

12 To the Moon (David Bradley, 1960) s'embarrasse moins de réalisme. Il n'y a même pas de vitre sur les casques, pour que les visages des acteurs soient visibles. Le budget est de toute façon assez limité, et il s'agit de profiter d'une tension de l'époque, de cette attente légèrement anxieuse de l'exploit à venir. C'est un pur film d'exploitation, et la multiplication de ce genre de projets opportunistes montre bien que la chose est dans l'air du temps, que l'air est chargé de l'appel du vide interplanétaire.

Notons d'ailleurs cet intérêt pour l'espace interplanétaire ne se retrouve pas que dans les arts narratifs comme le roman, la bande dessinée ou le cinéma : La peinture de Lucio Fontana (1899-1968), se revendique d'un « art spatial ». Si le fait qu'il soit sculpteur de formation et tente de donner une tridimensionnalité à ses toiles, notamment en les perforant, donne un sens au premier degré à cette notion, il s'avère rapidement que ce rapport à l'espace se retrouve aussi dans les sujets : certaines de ses toiles et de ses sculptures évoquent directement les photos de plus en plus précises de la surface lunaire qui commencent à être diffusées à l'époque, dans les années 1950.

Toute la décennie est de toute façon marquée par cette attente presque apocalyptique de signes dans le ciel. L'humanité est aux portes de l'espace et le sait. Elle ignore juste quelle forme prendra exactement l'ouverture de cette porte. La fiction l'alimente en visions de dards chromés jaillissant de bases secrètes dans le désert, à l'image de ces zones de test nucléaire du Nevada, ou de ces zones grillagées et reculées où les pilotes d'essai testent des avions toujours plus rapides et toujours plus effilés.

Jusqu'aux voitures qui se ressentent de cette esthétique conquérante et métallique : le designer Raymond Loewy (1893-1986) saura profiler ses automobiles pour les rendre de plus en plus aérodynamiques, et l'auteur de bande dessinée André Franquin (1924-1997) brouillera les pistes en appliquant cette esthétique particulière à des véhicules aussi bien roulants que volants ou sous-marins, par exemple dans *Z comme Zorglub* (1959).

La paranoïa à ce sujet est telle que même les images de la fusée diffusées officiellement sont fantaisistes.

CHAPITRE 4 : LA DÉCADE PRODIGIEUSE

« Nous avons décidé d'aller sur la Lune. »
John Fitzgerald Kennedy (1917-1963)

1957… les chansons diront ultérieurement, pour évoquer cette année-là : « Dans le ciel passait une musique, un oiseau qu'on appelait *Spoutnik* ». L'événement a marqué. Pourtant, *Spoutnik* n'est pas grand-chose en soi, juste une boule de métal de la taille d'un gros ballon qui fait bip-bip. Mais pour en arriver là, il a fallu toute l'énergie d'une nation, et surtout toute la rouerie d'un ingénieur de génie, Serguei Korolev[36]. Korolev était pourtant mal parti. Comme tant d'autres qui se sont retrouvés du mauvais côté des desiderata de Staline, l'homme avait été envoyé au goulag peu de temps avant la Deuxième Guerre mondiale. Ce qui ne l'empêcha pas de continuer à travailler en captivité comme consultant par correspondance, au service des développeurs de missiles, avant d'être libéré dans les derniers mois du conflit.

Il faut dire que les Soviétiques avaient réussi à mettre la main sur une partie des archives de Peenemünde, et que leur décryptage et leur exploitation étaient la clé de la supériorité stratégique dans la Guerre froide qui

36 L'identité de Korolev fut longtemps tenue secrète. En termes de propagande, cela eut l'avantage de lui donner un côté mystérieux, l'image d'un génie occulte œuvrant dans le plus grand secret et sans contrainte, le redoutable Ingénieur en Chef avec lequel les spécialistes occidentaux ne sauraient rivaliser.

The Huntsville Times

Man Enters Space

'So Close, Yet So Far,' Sighs Cape

U.S. Had Hoped For Own Launch

Hobbs Admits 1944 Slaying

Soviet Officer Orbits Globe In 5-Ton Ship

Maximum Height Reached Reported As 188 Miles

To Keep Up, U.S.A. Must Run Like Hell

Gagarine, héros du jour et d'un genre nouveau.

s'annonçait alors. Le coup de génie de Korolev est alors de penser avec trois coups d'avance, comme un joueur d'échecs, et de trouver le cheval de Troie parfait. Alors que les instances dirigeantes de l'Union Soviétique lui demandent de construire des missiles balistiques permettant de frapper avec précision des cibles éloignées, il cherche à mettre au point un système un peu plus versatile, capable d'embarquer indifféremment une bombe atomique ou une charge utile.

Cela tombe bien : au début des années 1950, la bombe à emporter était un engin nucléaire de plusieurs tonnes. Penser de façon modulaire permet d'envisager une capsule hermétique de la même masse, pouvant emporter des instruments scientifiques voire des êtres vivants. La fusée R-7 sera la machine multifonctions permettant ce miracle. Reste à convaincre les dirigeants. La mort de Staline en 1953 permet à Korolev et à son meilleur ennemi Glouchko, qui l'avait dénoncé avant guerre mais est un excellent motoriste, d'être réhabilités. En effet, les charges ayant conduit à leur incarcération à la fin des années 1930 n'avaient pas jusqu'alors été officiellement levées, ce qui permettait au pouvoir de les tenir. Retrouvant une légitimité et étant nommés à l'Académie des Sciences, ils n'ont plus qu'à faire valoir leurs idées auprès du Parti et de l'Armée rouge. L'aspect propagandiste convainc les instances politiques. Et ce qui emporte la décision des militaires, c'est la promesse de satellites-espions à brève échéance.

Le 4 octobre 1957, ce qui n'était alors qu'un jouet purement théorique, le satellite artificiel, devient réalité. Lancée de Baïkonour par une fusée R-7 *Semiorka* (« petite septième », un engin à la conception révolutionnaire, aux moteurs plus petits mais plus nombreux), la sphère de 83 kilos tétanise les militaires américains. Elle signifie en effet que tous les points de la planète deviennent accessibles à des frappes nucléaires russes, alors qu'aucun des divers programmes concurrents développés aux USA n'est encore au point. La course à l'espace se profilait depuis quelque temps aux côtés de la course aux armements ; elle se trouve lancée en fanfare et surtout liée de très près à sa grande sœur.

Alors que les tentatives américaines de lancement de fusées ne connaissent encore que des échecs, Korolev et ses équipes multiplient les exploits, envoyant rapidement des chiens en orbite, et surtout ramenant des images.

Si la chienne Laika démontre qu'on peut survivre dans l'espace, que s'il est hostile le milieu n'est pas directement mortel, on ignore les contraintes qui pèseront sur les pilotes. Ou en tout cas on n'en a pas une connaissance empirique. Si l'on sait à peu près combien de « g » ils auront à encaisser, on ignore les effets physiologiques et psychologiques de l'absence de pesanteur. Dans le doute, tous les postulants sont soumis à un entraînement d'une rigueur jamais vue, les poussant jusqu'à leurs limites de résistance physique et psychologique. Centrifugeuses, sièges éjectables à propulsion ultrapuissante, tourniquets gyroscopiques, pressurisations et dépressurisations, chambre d'isolation, rien n'est épargné aux futurs cosmonautes de la première génération.

La Cité des étoiles, le centre d'entraînement installé dans la banlieue de Moscou est d'une certaine manière le plus terrible des goulags, d'autant plus terrible que ses occupants sont tous volontaires et consentants, et tiennent à aller jusqu'au bout, à boire la coupe jusqu'à la lie.

La Russie Soviétique affûte ses armes. La *Semiorka* est complètement au point, il suffit juste d'y adapter, sous la coiffe, une boule de métal assez grande pour recevoir un siège baquet d'aviateur et quelques instruments : *Vostok*.

Et vient donc l'injure suprême infligée à l'oncle Sam, le 12 avril 1961.

Alors que les héros des *pulps* et des *comics strips* étaient souvent des gros durs à la mâchoire carrée et à l'allure générale de militaires, l'Union Soviétique choisit de prendre le contre-pied de cette imagerie en propulsant en orbite un personnage à la bonne bouille ronde et souriante du paysan nourri au grain dans quelque kolkhoze aux cultures soigneusement planifiées par tranches de cinq ans : le jeune pilote d'essai Youri Gagarine, monté en grade après avoir été sélectionné dans un aéroclub où il allait après ses cours de mécanique. Là ou la NASA va vite aligner une brochette de vieux briscards, élite au crâne tondu de l'*Air Force* et de la *Navy* parfaitement conformes aux clichés, Gagarine a une fraîcheur et une candeur apparente qui en font le porte-parole rassurant et évident de la réforme khrouchtchévienne. Ce visage souriant sera la gloire du jeune homme, il sera d'ailleurs aussi sa perte.

Car l'Union Soviétique a toujours tenu à ses héros. Une fois devenu une icône mondiale, Gagarine ne peut plus voler dans l'espace : les instances politiques refusent de lui faire prendre des risques. Un accident lors d'un lancement ou d'une rentrée dans l'atmosphère, et l'icône se ferait martyr, envoyant un très mauvais signal au monde. Le destin de Gagarine sera donc de faire des tournées, de serrer des mains, de sourire devant les caméras de la planète. En un mot, d'être le visage de l'URSS post stalinienne. La suite de la course à l'espace se fera sans lui, et les exploits suivants seront le fait de Gherman Titov, Alexei Leonov, Valentina Terechkova ou Vladimir Komarov, ce dernier payant de sa vie les vices de conception de la capsule *Soyouz 1*, et la précipitation avec laquelle les programmes suivants auront été développés.

Mais avant cela, le vol inaugural est bref, à peine plus d'une heure et une seule orbite. Plusieurs incidents émaillent la rentrée dans l'atmosphère : le module de service ne se détache pas au moment prévu, empêchant la stabilisation de la capsule. Gagarine préfère dès lors s'éjecter de la capsule à sept kilomètres d'altitude, son scaphandre terrorisant d'ailleurs un fermier et sa fille qui le virent atterrir, et qu'il doit calmer en les assurant de sa nationalité.

Cette éjection posa d'ailleurs un léger problème politique. Pour que la Fédération Aéronautique Internationale valide le record d'altitude (327 kilomètres), il aurait fallu que Gagarine reste dans son appareil jusqu'à l'atterrissage. Son saut en parachute fut donc un secret bien gardé jusqu'en 1971, quand il fut enfin admis que le cosmonaute et sa capsule s'étaient posés séparément. Le secret reste d'ailleurs de rigueur pour toutes les premières phases du programme. L'identité de Korolev est tenue secrète, l'on ne montre des images de la capsule qu'après l'atterrissage, quand la combustion de ses éléments externes l'a rendue méconnaissable. La *Semiorka* et ses concepteurs restent pour un temps dans l'ombre, auréolés de mystère qui les rend encore plus menaçants aux yeux de l'Amérique. D'autant que la *Semiorka* est aussi un vecteur nucléaire, et est donc un secret hautement stratégique.

Quoi qu'il en soit après cette grande première, plus rien ne pouvait être comme avant.

PIONNIERS DE LA NOUVELLE FRONTIÈRE

Malgré les petits tripatouillages émaillant la fin du vol de *Vostok 1*, le fait est là : les Russes alignent les grandes premières, et l'Amérique est nettement à la traîne alors qu'il s'agit bien d'une course, d'une compétition acharnée.

La NASA, l'agence créée en 1959 pour regrouper et coordonner sous administration civile les programmes militaires américains, s'est dotée d'une arme de poids : Wernher von Braun, qui reste sans doute le plus grand spécialiste mondial en matière de fusées et celui qui a la plus grande expérience pratique dans ce domaine. Il a réussi à lancer le premier satellite américain en février 1958, quatre mois après le tir de *Spoutnik*, alors que les autres équipes américaines essuyaient échec sur échec, de préférence en public.

Cela fait vingt ans au moins que von Braun compile des notes et des projets ambitieux. Il lance le programme Mercury, et la NASA recrute sept astronautes dont elle fera immédiatement des stars, pour contrer l'offensive propagandiste des Russes. Ce seront les *Mercury Seven*, peut-être la dernière grande figure indiscutable de l'héroïsme à l'américaine, avant que la guerre du Vietnam et le Watergate ne fracassent définitivement les illusions d'un pays.

Face au rouleau compresseur soviétique, le programme Mercury doit pourtant rester modeste. Tout est à inventer très rapidement, et c'est là que l'expérience de von Braun s'avérera cruciale. La capsule *Mercury* est un engin fruste, que les ingénieurs auraient voulu réduire à sa plus simple expression, et qu'ils se voient contraints d'adapter aux demandes des pilotes d'essai recrutés pour

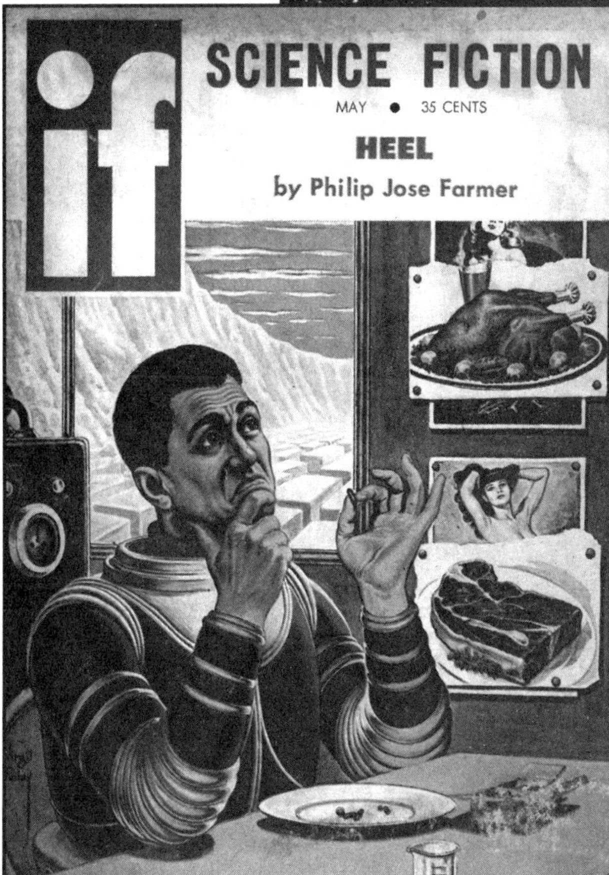

Dès lors que les vols dépassent quelques heures se pose l'intéressant problème de la nutrition en apesanteur. (illustration de Virgin Finlay, 196[illegible])

l'occuper. Ces vétérans ayant piloté certains des engins les plus rapides de l'époque refusent d'être traités comme du *corned-beef* dans une boîte de conserve. Ils obtiendront de pouvoir piloter la capsule, même de façon limitée, et d'avoir un hublot permettant de voir l'espace à l'extérieur, toutes choses qui semblaient superflues aux concepteurs du programme.

Même après la mise au point du système de lancement, chaotique et émaillée d'échecs cuisants et télévisés, les deux premières missions habitées sont incroyablement limitées. Les vols d'Alan Shepard en mai 1961 et de Gus Grissom en juillet se cantonnent aux frontières de l'espace, à des altitudes inférieures à 200 kilomètres. Ce sont des sauts de puce qui font quand même pâle figure à côté de l'orbite complète effectuée par Gagarine.

C'est John Glenn qui effectuera le premier vol orbital en février de l'année suivante, le temps de résoudre les derniers problèmes de conception et surtout d'adapter une fusée plus puissante à la capsule pour atteindre ce nouvel objectif. Entre-temps, les Russes ont battu un nouveau record en envoyant Guerman Titov tourner pendant plus de vingt-quatre heures autour de la terre à bord de *Vostok 2*.

Ces deux programmes initiaux, Vostok et Mercury, montrent bien vite leurs limites. Korolev aligne d'autres premières, avec un vol simultané de deux capsules en août 1962 (vol en formation, mais sans rendez-vous orbital), puis une mission de longue durée de près de cinq jours en juin 1963, suivi de l'envoi d'une femme dans l'espace, Valentina Tereshkova qui y restera près de trois jours. Avec ses 34 heures dans l'espace, le dernier vol Mercury, effectué le mois précédent par Gordon Cooper, fait pâle figure, et n'est remarqué que pour le sang froid avec lequel le pilote réussit à gérer une situation potentiellement grave au moment de la rentrée dans l'atmosphère. Les grandes réussites de la NASA, *Tiros* (1960) et *Telstar* (1962) passent relativement inaperçues. Leur impact technologique est pourtant énorme, mais il se mesurera sur le long terme. Avec ces deux satellites artificiels, ce sont la météorologie et les télécommunications qui entrent d'un coup dans l'ère moderne, mais pour le grand public, ça ne se voit pas encore.

Les programmes habités suivants, le Russe Voskhod et l'Américain Gemini, seront conçus pour dépasser les limitations des précédents et servir de banc d'essai aux vraies avancées techniques. L'objectif, c'est le rendez-vous orbital et la sortie extravéhiculaire, indispensables au gros morceau : le vol vers la Lune.

Voskhod et Gemini sont décidés et mis en place très rapidement. Trop rapidement, sans doute. La course est partie, il faut avancer, et avancer vite. On agrandit les capsules pour y loger deux occupants au lieu d'un, on les dote de moteurs permettant des manœuvres plus complexes ainsi que, dans le cas de Gemini, d'un ordinateur embarqué. Les ingénieurs américains espèrent que leurs meilleures idées pourront être développées dans le cadre d'une mise à jour du programme, d'une version améliorée de Gemini conçue pour assurer la desserte d'une station orbitale. Cette mise à jour n'aura jamais lieu, tous les crédits sont avalés par le programme concurrent Apollo, pour lequel Gemini ne sera qu'un banc d'essai.

Le programme Voskhod permet la première sortie extravéhiculaire par Alexeï Leonov en mars 1965 au cours de la mission *Voskhod 2*. Mais c'est là que les problèmes surgissent. La capsule n'étant pas adaptée à une sortie en plein espace, il faut lui adjoindre un sas gonflable très malcommode et les problèmes de pressurisation des combinaisons ne sont pas totalement maîtrisés. Sous trop forte pression, la combinaison de Leonov n'est plus qu'un énorme bibendum entravant ses mouvements. Dès sa sortie de la capsule, le cosmonaute se retrouve à la dérive, retenu uniquement par l'épais cordon ombilical l'alimentant en oxygène. Il se retrouve incapable de bouger bras et jambes, ses déplacements sont erratiques, et il a d'énormes difficultés à réintégrer l'habitacle. La leçon sera retenue, et lors des essais suivants, les scaphandres seront moins gonflés.

La sortie d'Ed White, trois mois plus tard, ne bénéficie pas du prestige lié à la « grande première », mais elle est beaucoup plus réussie. Si, faute de sas, il faut dépressuriser toute la capsule *Gemini 4* (dont l'écoutille a par ailleurs du mal à s'ouvrir dans le vide), White dispose d'un « pistolet » lui permettant de contrôler ses déplacements. Il trouve d'ailleurs l'expérience tellement grisante que son équipier est obligé de le forcer à rentrer.

La bonne bouille du héros.

OBJECTIF LUNE, ET APRÈS ?

C'est un imaginaire futuriste qui s'est réalisé. Certes, la fusée estampillée NASA ou CCCP n'a plus qu'un air de famille assez lointain avec les dards étincelants et bardés d'ailerons de la fiction des années 1940 et 1950, mais elle devient le symbole d'une humanité conquérante. *Vostok*, *Mercury* ou *Gemini* deviennent les mots-clés d'un nouveau voyage dépassant de très loin celui des *Santa Maria*, *Pinta* et *Niña*.

Mais on est loin du *space opera*. Très loin de Flash Gordon et de Buck Rogers qui mèneraient la Guerre froide en orbite, en combinaison moulante et le fulgurant au poing. C'est qu'avec Wernher Von Braun et Serguei Korolev, le pouvoir est tombé entre les mains des politiques et des ingénieurs, et a été arraché aux rêveurs : dans le plus pur style du Futurisme italien, l'imaginaire est totalement investi par le concept de course. C'est une course à la grande première, une course au record. Et les records ne peuvent être battus qu'avec la maîtrise technique de tous les paramètres. Aux yeux de von Braun et des ingénieurs de la NASA, on l'a vu, la capsule *Mercury* aurait très bien pu se passer de commandes internes accessibles à un pilote : les vols étant conçus pour être totalement automatisés, la présence à bord d'un astronaute n'est pensée que comme un moyen de se démarquer du simple satellite bourré d'équipement. Elle est qualifiée de « redondante » par les concepteurs.

Saisissant l'occasion de se tailler un grand récit à sa mesure et poussé par son vice-président Lyndon Johnson, Kennedy réactive l'image désuète de la nouvelle frontière qui avait été un peu oubliée à la fin de l'âge des cow-boys, et promet une « grande enjambée ».

Les grandes premières permises par les programmes Voskhod et Gemini sont des avancées ultra-techniques, pas forcément spectaculaires, des préparatifs pour le gros morceau, pour le grand défi à relever. Plus que des heures de vol, les pilotes accumulent des journées de présence dans l'espace, et bientôt des semaines.

Alors que l'atmosphère d'oxygène pur des capsules pue la chaussette et la sueur, l'image du héros de l'Union Soviétique est encore un peu romantique, mais Gagarine est quand même acculé au quasi-suicide. Interdit de vol spatial, il bascule graduellement dans l'alcoolisme et finit par se tuer en avion, au cours d'un simple vol d'entraînement. Si le crash n'est pas délibéré, il est quand même le fait d'un homme rongé, qui s'est battu pour repartir, mais qui en a été empêché à de multiples reprises. C'est l'acte manqué d'un homme condamné à ne plus quitter la très proche banlieue du sol.

C'est la politique qui finance les programmes, c'est elle qui prend les décisions cruciales et décide de ce qui est possible ou pas, et surtout de ce qui est souhaitable ou pas. Le programme Gemini aurait dû être adossé au programme MOL de station orbitale habitée au lieu d'être un simple banc d'essai pour Apollo, mais ce versant du projet est abandonné pour des raisons budgétaires, tout comme la navette X-20 *Dyna-Soar* de l'US Air Force, qui aurait pu voler dès 1966 et que ses concepteurs ont tenté de sauver en la présentant comme un mini bombardier orbital pour obtenir des crédits militaires.

Apollo est ainsi le programme stratégique qui écrase tous les autres afin de tenir la promesse de Kennedy et d'opérer une grande première capable d'effacer toutes celles des Soviétiques. Pour atteindre la Lune avant la fin de la décennie, les programmes à plus long terme sont purement et simplement sacrifiés. Il faudra près de dix ans pour qu'ils ressortent des cartons, sous une autre forme. Le politique, lui, ne voit que l'objectif à court terme et ne conçoit pas qu'on prépare autre chose, qu'on disperse les énergies.

Mais la faille de ce raisonnement est déjà apparente : au début du film *Le Baron de Crac* (*Baron Prášil*, Karel Zeman, 1962), un malheureux cosmonaute croyant être le premier à débarquer sur la Lune y est accueilli par l'équipage de l'obus de Jules Verne, accompagné bien entendu de Cyrano de Bergerac (en grande tenue de mousquetaire) et de l'inimitable baron de Crac / Münchhausen. Il sera difficile de frapper l'imaginaire aussi durablement que ne l'avaient fait les explorateurs fictifs d'antan.

Carpenter, paré à décoller !

Les *Fantastic Four* sont pourtant les hérauts d'un « âge des merveilles » ou en anglais, « Marvel Age[37] ». Ces personnages de *comic books* créés par Jack Kirby et Stan Lee sont au départ des explorateurs du cosmos, un pur produit de la course à l'espace. Apparus dans la foulée du vol de Gagarine, ils sont l'expression de cet optimisme foncier de l'époque. Certes, il est légèrement teinté d'un début de prise en compte des dangers, mais ces derniers ne sont encore conçus que comme piment épique, ou au pire, comme risques du métier, et ne sont pas le sujet de l'histoire.

L'équipage de Reed Richards rate pourtant son vol inaugural[38] et en revient transformé pour le meilleur et pour le pire par le bombardement de rayons cosmiques inconnus auquel il a été confronté en sortant de l'atmosphère terrestre. Pour le meilleur et pour le pire, mais surtout le meilleur quand même, car nous avons affaire à d'authentiques héros. Celui des membres du quatuor qui s'en sort le plus mal est devenu un monstre effrayant, une Chose dont la vie sociale ne peut dès lors que souffrir de sa condition nouvelle, mais qui finit assez rapidement par surmonter son nouvel état par son bon cœur. Grâce à ses exploits, il finit même par devenir une figure médiatique positive. Les Fantastiques restent des

37 C'est l'expression que popularisera le scénariste et éditeur Stan Lee, « Marvel Age » faisant écho au nom de sa maison d'édition, alors récemment rebaptisée Marvel Comics.

38 On notera que, si leur fusée est adossée à une rampe de lancement du type de celles qui fleurissent dans la région du cap Canaveral à l'époque, l'engin lui-même reste un dard chromé à ailerons. Mais à plusieurs étages quand même.

super-héros d'un genre un peu particulier. Si la plupart de leurs homologues sont des justiciers, ce n'est pas leur cas. Ils sont avant tout des aventuriers au sens noble du terme, des explorateurs de l'impossible. Ils sont des découvreurs, les héritiers directs de ces scientifiques des *pulps* construisant toujours plus de machines pour aller toujours plus loin. Et s'ils font profession de dépasser les limites, ils en sont par la suite les gardiens, dissuadant souvent les autres de les suivre dans les endroits insolites et grandioses, mais aussi infiniment dangereux, qu'ils ont pu visiter.

Il est peut-être symptomatique que ces Fantastiques soient les descendants directs (jusqu'à leurs costumes) d'une autre création de Jack Kirby, publiée quelques années plus tôt chez le concurrent DC Comics : les *Challengers of the Unknown*. Là encore, quatre aventuriers dépassent les limites de la science, mais cette fois après un accident d'avion. Des Challengers aux Fantastiques, il y a un saut quantitatif : au crash inaugural des premiers répond l'expédition spatiale ratée des suivants. Et les deux groupes se retrouvent face à une escalade dans la démesure. Plus que l'espace, c'est aussi le temps qu'ils pourront explorer, voire parfois d'autres dimensions, face à des menaces toujours plus délirantes.

Les risques pris par les Fantastiques sont insensés, ils relèvent d'ailleurs largement du *space opera*. Mais ils sont des défenseurs de la Terre et y reviennent toujours. Quelle que soit leur envie d'explorer l'inconnu, ils refusent de s'y perdre et restent attachés au monde de leurs origines. Cette vision du voyage spatial reste très positive, et même très positiviste, très américaine des Trente Glorieuses, en un sens.

À l'inverse, dans *Colomb de la Lune* de René Barjavel (1911-1985), sorti en 1962, partir, ce n'est pas mourir un peu, c'est tout simplement abandonner les siens, et être abandonné en retour par eux. Le pessimisme foncier de l'auteur, déjà visible dans *Ravage* ou dans le *Voyageur imprudent* (tous deux de 1943) est ici palpable, une forme de fascination mêlée non pas de défiance, mais peut-être d'une conscience aiguë que ces choses-là ont un prix.

En Russie, l'injonction de réalisme dans l'art qui était tombée avec le Dégel n'a de toute façon plus lieu d'être : le réel a rattrapé les inventions les plus farfelues des auteurs de science-fiction, et la conquête spatiale devient dès lors un sujet admissible et même presque académique. Des films comme *L'Appel du ciel* (*Nebo zovyiot*, Alexandre Kozyr et Mikhaïl Karioukov, 1959) ou *La Planète des tempêtes* (*Planeta Bur*, Pavel Klouchantsev[39], 1962) annoncent des débarquements sur Mars et Vénus, dans des productions qui n'ont pas à rougir face aux films américains de la même époque.

39 Klouchantsev avait déjà réalisé un documentaire programmatique, juste avant le vol de *Spoutnik* : *En route vers les étoiles* (*Doroga k zvezdam*, parfois titré en Français *Le Chemin des étoiles*) à la gloire de Tsiolkovski, et détaillant les grandes lignes des futurs programmes spatiaux, y compris les stations orbitales et le débarquement lunaire et au-delà. Les programmes réels de Korolev étant encore top secret à l'époque, ce que propose Klouchantsev est surtout conforme à l'imaginaire de l'époque, avec des fusée-dards. Mais ses scènes d'apesanteur sont très réussies.

Morts pour l'espace

La conquête du ciel était et reste une entreprise dangereuse. On se souvient de Pilâtre de Rozier, premier aéronaute, et première victime de l'aéronautique moderne quand il se mit en tête de battre ses propres records et de traverser la Manche à bord d'un aérostat encore plus expérimental que la montgolfière dont il avait été le pionnier. On se souvient aussi des derniers mots d'Otto Lilienthal, en 1896 après le test de son planeur : « Des sacrifices doivent être faits ». De fait, les premières années de l'aviation furent riches en accidents divers, et il en alla de même quand on passa à la vitesse supérieure, la célèbre vitesse d'évasion, ou « vitesse cosmique » dans des travaux de Tsiolkovski, une vitesse que l'on peut sans crainte qualifier d'astronomique. Rien que pour se satelliser autour de la Terre, il faut atteindre 7,9 kilomètres par seconde, soit 28 500 kilomètres par heure, de quoi donner des sueurs froides même à James Dean.

L'espace est, on l'a vu, un milieu infiniment hostile qu'on ne peut affronter que protégé par des couches superposées d'isolants étanches. La moindre défaillance du matériel se paye cher, très cher. Aucun parachute ne peut sauver un astronaute en perdition, dévalant de l'orbite ou de la stratosphère. Si un tel état de fait est propice à l'invention de films catastrophe (un certain nombre d'entre eux sont d'ailleurs cités et décortiqués dans ces pages), ce n'est pas pour rien qu'on attribue une « étoffe des héros » à ceux qui acceptent de monter dans ces bombes volantes gargantuesques que sont nos fusées à propulsion chimique. Les premières fusées de la NASA et de l'Air Force explosaient plus qu'à leur tour sur le pas de tir et c'était justement pour régler ces problèmes qu'on avait rappelé Wernher von Braun à la rescousse.

C'est aussi ce qui arrive à la fusée soviétique N-1 le 3 juillet 1969, appareil gigantesque rivalisant avec la *Saturn V* américaine. L'explosion creuse un cratère de deux kilomètres à l'emplacement du pas de tir et condamne le programme lunaire russe ainsi, accessoirement, qu'un certain nombre des techniciens qui assistaient au lancement. Ce n'était pas le premier désastre de ce genre à avoir Baïkonour (un tir loupé en 1960 a coûté la vie au maréchal Nédéline et à 121 autres assistants), mais c'est le plus lourd de conséquences. Korolev n'étant plus là pour corriger efficacement la conception de la N-1, le programme est graduellement abandonné.

Mais les victimes les plus connues sont les cosmonautes eux-mêmes. Depuis le premier vol de Youri Gagarine, ce sont 18 personnes qui sont décédées lors de vols, plus onze à l'entraînement dont Gagarine lui-même.

En 1971, l'équipage d'*Apollo 15* déposa sur la Lune une plaque commémorative et une statuette en hommage aux martyrs de l'espace. Elle porte quatorze noms, quatre morts lors de vols, les autres ayant perdu la vie à l'entraînement, ou dans des circonstances liées à l'espace.

Après l'accident de *Challenger* en 1986 et celui de *Columbia* en 2003, on pourrait en ajouter quatorze de plus. Mais personne n'est remonté sur *Hadley Mons* pour aller y déposer cet *addendum*.

Star Trek, qui débute en 1966, est une série construite sur la découverte d'un nouveau lieu chaque semaine ou parfois, mais plus rarement, sur la résolution d'un imprévu dans un lieu connu. Sur le fond, la structure narrative est celle d'autres séries de la même période, comme *Le Fugitif* (1963-1967), *Kung Fu* (1972-1975) ou *Hulk* (1977-1982), assez formulatives, dans lesquelles le héros errant ou poursuivi passe de ville en ville, tel l'un de ces clochards célestes chers à Kerouak. La différence fondamentale, c'est que les héros de *Star Trek* font partie d'une organisation de type militaire, et qu'ils sont un groupe soudé. Et surtout qu'ils ne fuient rien : leur mission de cinq ans est d'explorer des mondes étranges et de nouvelles civilisations et, au mépris du danger, d'avancer vers l'inconnu. Chaque épisode est le prétexte à découvrir de nouvelles cultures, de nouveaux extraterrestres, mais aussi souvent de nouveaux dilemmes moraux[40].

La caractéristique fondamentale de *Star Trek*, c'est sa capacité à banaliser le voyage spatial comme jamais auparavant. Le *sense of wonder* provient des mondes

40 Le plus grand d'entre eux sera, dans des séries ultérieures comme *Star Trek, the Next Generation*, lié à la *Prime Directive*, une loi fondamentale interdisant d'initier le contact avec des civilisations n'ayant pas encore acquis la maîtrise du vol spatial. Et comme à chaque fois qu'un récit pose ce genre de principes fondamentaux, la suite est généralement consacrée aux violations de ce principe ou aux problèmes posés dans son application. C'était déjà le cas avec les Lois d'Asimov dans son *Cycle des Robots*, mais en remontant un peu plus loin, c'est aussi le thème d'une bonne moitié de la Bible.

étranges sur lesquels débarquent et meurent parfois les membres d'équipage de l'*USS Enterprise*, ou de leurs habitants, ou des improbables situations auxquelles sont confrontés nos héros. Mais leur quotidien est pour le reste fait de coursives banales, de plateaux-repas en plastique et de consoles électroniques servant de lien avec l'extérieur. Jamais on ne les voit en scaphandre : il faudra attendre pour ça les films inspirés de la série et lui faisant suite, puis les séries dérivées des années 1990-2000, et encore, le recours aux tenues de sortie extravéhiculaire y demeure exceptionnel. Ce n'est que dans la série « préquelle » *Star Trek Enterprise* et dans la nouvelle série de films des années 2010 qu'apparaissent régulièrement des combinaisons adaptées à la froidure du vide. Aucun hublot ne donne sur l'espace, frontière de l'infini, dans la série originale, les débarquements se font par le truchement d'un téléporteur, et pas par une rentrée dans l'atmosphère en navette. Certes, la raison principale en est l'absence de budget pour les effets spéciaux, et la « Téléportation, Scotty ! » deviendra un des *gimmicks* les plus reconnaissables de la série, voire de la science-fiction tout entière. Mais elle a pour conséquence directe de rendre presque difficile de différencier les débuts de *Star Trek* de la série *Voyage au fond des mers* (*Voyage to the Bottom of the Sea*, série d'Irvin Allen débutée en 1964 sur ABC) tant l'ambiance générale et la trame de certains épisodes se ressemblent. Le syndrome du sous-marin joue à plein.

On aurait pu croire que la formule serait rapidement et massivement imitée, il n'en est rien. Mais elle eut une homologue européenne sortie la même année (1966) en Allemagne Fédérale : *Raumpatrolle Orion*, alias *Commando spatial, la fantastique aventure du vaisseau Orion*, dont la traduction française est assurée par rien moins que notre Barjavel national, habitué aux collaborations transfrontalières. Le ton en est néanmoins fort différent : le patrouilleur *Orion* est engagé dans une guerre déclarée contre des extraterrestres batraciens. Et l'équipage du commandant McLane (un lointain descendant de John McLane ? Allez savoir, tiens) porte régulièrement des scaphandres, lui.

Maquette concept de la station MOL de l'US Air Force, qui aurait dû être la deuxième phase du programme Gemini...

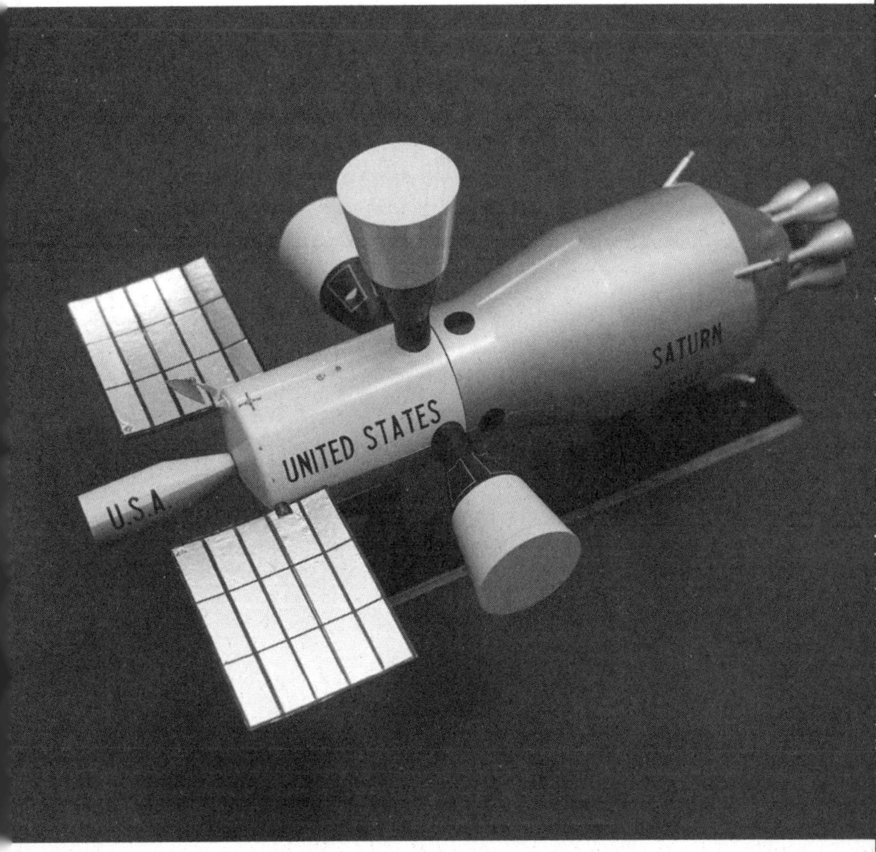

LE MÂLE ALPHA DE LA BASE DU MÊME NOM

Le démarquage le plus frappant du concept *Star Trek* fut en 1975 une série britannique prouvant une fois de plus que la télé d'outre-Manche sait se donner les moyens que son homologue française s'interdit par principe. *Space 1999* combine une esthétique « *2001* » assez rigoureuse et un j'menfoutisme radical en ce qui concerne son arrière-plan scientifique, voire pire : cette série semble s'inscrire dans la tendance de rejet de la science se renforçant à l'époque et à la peur devant l'inconnu, avec une noirceur souvent horrifique. Là où *Star Trek* est lumineux, optimiste et scientiste, *Space 1999* en est le pendant sombre et superstitieux. Le *techno-babble*[41] est au pouvoir ! Mais la série réemploie les structures narratives de *Star Trek* tout en revenant à un décorum beaucoup plus spatial avec scaphandres et intérieurs blancs estampillés NASA. Chaque semaine, les occupants de la base lunaire Alpha sont confrontés à des planètes étranges – et généralement psychédéliques, voire un poil effrayantes – et ne sont sauvés que par l'indéfectible froideur virile du commandant Koenig (joué par Martin Landau) ou par les théories audacieuses – et généralement dénuées de tout sens concret – du professeur Bergman (Barry Morse). Le tout est mis en scène par Gerry Anderson qui emploie à l'envi les techniques jadis développées pour ses séries animées à base de marionnettes, ou dans des films comme *Danger,*

---

41 L'art et la manière de ne rien dire en l'emballant de mots savants en apparence et abscons sur le fond. Demandez à votre député de vous l'expliquer, il connaît.

Planète inconnue (*Doppelgänger*, 1969) dans lesquels il démontre son goût immodéré pour les maquettes spectaculaires et leur destruction, plus spectaculaire encore. Les vaisseaux de *Space 1999*, les célèbres Aigles, ont vraiment de l'allure, et heureusement que la Base Alpha en a une réserve inépuisable parce qu'il s'en écrase au moins un par épisode.

La série ne connaîtra que deux saisons. La deuxième, coproduite par une chaîne américaine, amplifie les défauts de la première, en supprimant la « caution scientifique » représentée par le professeur Bergman et en la remplaçant par une extraterrestre métamorphe, ce qui ajoute une touche de merveilleux facile et infantilise l'ensemble au point de le rendre insupportable.

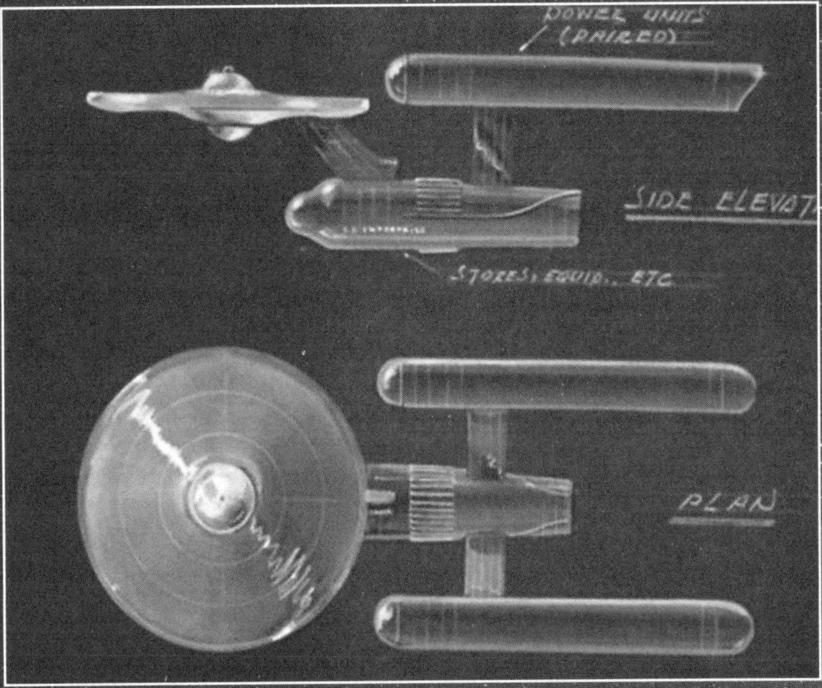

Les premiers concepts de l'USS Enterprise, par Matt Jefferies.

1968, L'ODYSSÉE DU REGARD

Si Stanley Kubrick est sans doute trop bien éduqué pour le formuler ainsi, ce qu'il cherche à faire avec *2001, l'Odyssée de l'espace* (*2001: A Space Odyssey*, 1968)[42], c'est bien à ringardiser le cinéma de science-fiction spatiale tel qu'il se pratiquait depuis les années 1950. Il cherche à créer une expérience totalement inédite tout en employant des motifs visuels familiers aux spectateurs. Il faut dire qu'à l'époque, la course à l'espace bat son plein et que la Lune est en ligne de mire et à portée de main.

L'imagerie du film, d'un réalisme glacial issu des bureaux d'étude de la NASA (qui a largement contribué au projet) oppose formellement l'espace infini et ouvert du cosmos à des espaces infiniment clos qui se referment de plus en plus : intérieur du vaisseau spatial, puis intérieur de la capsule de sortie, puis intérieur du scaphandre, dernière protection contre la morsure du vide. Mais alors que l'homme se retrouve quasi nu face à l'immensité, ce qu'il perçoit en priorité, c'est lui-même, c'est sa propre respiration qui envahit tout l'espace sonore. Cette respiration est tout ce qui le relie à son animalité et à ses origines terrestres. S'il cesse de la percevoir, c'est qu'il se retrouve directement confronté au vide, à la mort et au néant, sans plus même la maigre protection de son casque.

42 Rappelons s'il est nécessaire que le film est l'adaptation très libre de *La Sentinelle* (*The Sentinel*, 1951), écrite par Arthur C. Clarke, décidément parrain de toute une vision de la conquête de l'espace. L'écrivain participa d'ailleurs largement à l'élaboration du film.

Parlons-en, d'ailleurs, du casque, et des vaisseaux avec. Plus que les attributs classiques (et quasi indispensables) de l'astronaute parti explorer l'univers, ils sont posés dans le cadre du film comme aboutissement de l'évolution humaine non pas l'*homo sapiens*, mais bien l'*homo faber*, l'homme qui conquiert et prend le contrôle de son environnement par la fabrication d'outils. Le premier objet de cette sorte est la mâchoire de zèbre qu'utilise l'homme singe des origines pour chasser et se débarrasser de ses adversaires. Il est le premier barreau d'une échelle de Jacob qui mène aux étoiles. La mise en scène de l'ellipse la plus célèbre de toute l'histoire du cinéma pose une continuité fondamentale entre l'arme improvisée, mais révélatrice d'un nouveau regard porté par l'humanité sur son environnement, et le vaisseau ultra complexe qui effectue des rendez-vous orbitaux en emmenant ses passagers en toute sécurité vers d'énormes stations au rythme d'une valse de Strauss.

Plus que tout autre cinéaste, Kubrick s'entend d'ailleurs à capter l'émotion dans les regards, et à faire de ces regards une illustration paroxystique de son propos. On se souvient des regards à la fois malveillants et caustiques d'Alex, dans *Orange mécanique* (*A Clockwork Orange*, 1971), fous et meurtriers de l'engagé Baleine dans *Full Metal Jacket* (1987), ou reflétant tout le bouillonnement de non-dits et de lassitude conjugale d'Alice dans *Eyes Wide Shut* (1999). Chez Kubrick, un regard suffit souvent à poser les enjeux d'une relation, l'intériorité d'un personnage, son rapport à l'univers qui l'entoure. Dans *2001*, les regards qui comptent sont celui de l'astronaute David Bowman, froid, déterminé et efficace au départ, puis de plus en plus exorbité et rendu vide par un mélange de terreur et d'incompréhension quand il se trouve confronté à l'inconnaissable, à une vision totale et concentrée d'un univers qui le dépasse et qui vient de l'engloutir ; mais aussi le regard d'HAL 9000, l'ordinateur de bord, l'intelligence artificielle qui commande le *Discovery*. HAL est une voix désincarnée qui peut jaillir de n'importe où dans le vaisseau, et suit même les astronautes à l'extérieur, dans leurs sorties extra véhiculaires. Mais cette voix, qui est celle qu'on imagine à Dieu interrogeant Adam et Ève dans le jardin d'Éden, ou poursuivant Caïn à l'Est d'icelui n'est rien comparée au regard de la machine.

Conserver une gravité pour de longs vols, cela implique une organisation de l'espace particulière.

Cet objectif parfaitement rond, à la pupille rougeoyante, démultiplié dans tous les recoins du vaisseau, est parfaitement inexpressif et glacial. Il est le reflet de l'intelligence froide et inhumaine de la machine, à la fois cyclope et monstre fait uniquement d'yeux, omniscient, panoptique et omnipotent dans le cadre de son petit univers, il évoque presque Nef, l'ordinateur conscient et auto divinisé de *Destination Vide* (*Destination: Void*, Frank Herbert, 1966).

Par son audace narrative et sa puissance visuelle, *2001* marque une date dans l'histoire du cinéma de science-fiction et impose une nouvelle façon de le concevoir, mais aussi de nouveaux clichés. Et en tout cas, le film de Kubrick oblige à prendre le genre au sérieux, et à le pratiquer avec sérieux.

Du sérieux, il y a en a à revendre dans *Les Naufragés de l'espace* (*Marooned*, John Sturges, 1969) qui colle de très près au lancement d'une mission Apollo et pour cause : bien des images ont été fournies par la NASA elle-même ou tournées dans ses installations.

Mais alors que les mésaventures de l'équipage de Richard Crenna et Gene Hackman sont conçues pour ressembler le plus authentiquement possible à une réalité toute fraîche dans l'esprit des spectateurs, l'accès des auteurs aux bureaux d'étude de l'agence spatiale américaine leur permet d'aller plus loin : les protagonistes travaillent à bord d'une station spatiale évoquant Skylab, un engin qui ne sera dans les faits lancé que quatre ans plus tard. Mieux encore, l'engin de secours envoyé à la rescousse de la capsule en perdition ressemble diantrement aux designs d'avion spatial étudié dès cette époque, et développés par la suite[43].

Le grand défaut du film, c'est d'arriver après le *2001* de Kubrick. Si la reconstitution du vol spatial et du contrôle au sol sont d'un réalisme quasi documentaire, le récit est lourdement démonstratif, fonctionnant sur une mécanique de *thriller* ultra classique, pas forcément tout à fait adaptée au sujet[44]. Si en la matière, il y a bien un avant et un après *2001*, *Les Naufragés de l'espace* se situe sur un fil

43 Comme la navette *Dyna-Soar* de Boeing, abandonné en 1966 ou le Mig 105 *Spyral* russe, mais aussi l'européenne *Hermès*, développée dans les années 1980 et abandonné à la fin des années 1990 sans jamais avoir volé.

44 *Apollo 13* de Ron Howard, sorti en 1995, s'en tire nettement mieux de ce point de vue, avec pourtant une structure très proche et un réalisateur nettement moins chevronné.

ténu, comprenant parfaitement l'enjeu que représente alors le réalisme dans ce genre de production, mais manquant un peu trop de souffle visionnaire. Du coup, il se trouve proprement éclipsé, presque banal malgré sa charge prophétique : difficile rétrospectivement de ne pas penser à ce qui arrive à la mission Apollo 13 moins d'un an plus tard. Les tribulations subies par l'équipage de Jim Lovell à bord de la capsule *Odyssey* sont le reflet quasi exact de ce qui avait été filmé par John Sturges.

La roue de Noordung est encore plus belle quand elle tourne sur une valse de Strauss.

Mais l'impact de *2001* ne s'exerce pas que dans le domaine du cinéma : « Space Oddity » (David Bowie, 1969), est une chanson de pop music directement inspirée du film de Kubrick. Les mésaventures du Major Tom, cosmonaute perdu dans le ciel, renvoyé à sa solitude pascalienne, enfermé et flottant dans sa « boîte en fer, loin au-dessus du monde » entremêlent espaces intérieurs et extérieurs sans qu'il soit toujours possible de savoir ce qui procède des uns ou des autres. Désorienté, le major se déconnecte de plus en plus, et son élévation coïncide avec son impuissance. La Terre, au loin, lui devient de plus en plus inaccessible, et il finit par ne plus répondre aux injonctions des contrôleurs au sol.

La BBC refuse de passer le morceau à sa sortie : il se trouve qu'elle coïncide avec la mission *Apollo 11*, et la vénérable institution radiophonique préfère attendre que les astronautes soient revenus sains et saufs avant de diffuser un disque racontant la tragique histoire d'un héros de l'espace incapable de redescendre[45]. Ce n'est que quelque temps après que le public prend conscience du sous-texte de la chanson : en dehors du fait qu'il prend des pilules avant de s'envoyer en orbite, Tom présente la déconnexion du réel et du monde qu'on associe de plus en plus, à l'époque, avec l'usage des drogues, notamment psychédéliques. Castaneda et Tim Leary ne sont pas forcément très loin, et le chanteur lui-même reconnaîtra avoir eu à l'époque une relation orageuse avec les « substances ». Il confirmera d'ailleurs, onze ans plus tard dans la chanson « Ashes to ashes », que « le major Tom est un junkie ». Mais ce rapport à la drogue qui traverse l'époque est aussi l'indice d'un repli généralisé sur les espaces intérieurs, puis sur l'intérieur tout court. L'ère de l'individualisme forcené n'est plus très loin.

Bowie n'est pas le seul à vouloir mettre en notes la découverte de l'univers : Sun Ra, avec ses rêveries sur le jazz spatial et la guerre nucléaire parvient à réconcilier un aspect ethnique tiers-mondiste et l'imagerie de la science-fiction, au point qu'il deviendra un personnage de la série *Valérian, agent spatio-temporel*. L'espace et son exploration traversent toute l'œuvre de ce musicien, dont le nom même est astral et mythologique, mais

45 La corporation des astronautes, pas rancunière, répondit tardivement, en mai 2013. En orbite à bord de l'ISS, Chris Hadfield enregistra une version de la chanson, dont il modifia néanmoins le final : son Major Tom à lui retrouve la sécurité du sol.

renvoie à une mythologie autre que celle présidant aux vols *Mercury*, *Gemini* et *Apollo*. En pleines années 1960, il substitue au référent gréco-romain une figure africaine, surgie des origines de la civilisation en Égypte. Mais son jazz psychédélique tente de réconcilier les espaces intérieurs et extérieurs, démarche qui culminera avec le film *Space is the Place* (John Coney, 1974), dans lequel Sun Ra[46], assumant pleinement l'archétype mythique lié à son nom, revient sur Terre à bord d'un vaisseau polysémique, à la fois paire d'yeux hallucinés, couple de baleines navigant de conserve et représentation de soleils brûlants. Il arrive en porteur de la musique des sphères. Si son message s'adresse avant tout aux noirs, c'est une arche qu'il leur apporte, une arche pour échapper à une Terre corrompue, dirigée par des crapules et condamnée. Le départ pour l'espace et d'autres mondes neufs est la seule échappatoire, tout comme pour les Européens des XVIe et XVIIe siècles, le Nouveau Monde était une planche de salut.

L'imaginaire spatiomusical des années 1970 ne va pas sans certaines incompréhensions et contresens. Jean-Michel Jarre se plaindra souvent qu'*Oxygène* (1976) ait été perçu comme un album « spatial » alors que ses compositions, bien au contraire, tentaient de toucher au plus près le foisonnement et le grouillement de la vie sur terre.

Plus tard, la conquête de l'espace et le morceau de Bowie inspireront encore le groupe suédois Europe avec

46 Son jeu et sa voix évoquent de façon presque inquiétante, dans ce film, ce que pourra plus tard donner James Earl Jones dans *Star Wars* et *Conan*.

The Final Countdown (1986), hymne pompier qui a le grand mérite d'illustrer de façon claire tout le mal que les années 1980 ont pu faire à l'imaginaire spatial.

Les reflets sur le casque de Bowman. D'autres cinéastes sauront se souvenir de cette image.

Reflets dans des visières

2001 est un choc esthétique, dont les trouvailles visuelles et de mise en scène marquèrent durablement le cinéma de science-fiction : ses longs travellings sur des vaisseaux avançant lourdement dans l'espace sont recyclés dans *Star Wars*, *Alien* et nombre d'autres productions des deux décennies suivantes, au point d'être caricaturés jusqu'à l'absurde dans *La Folle histoire de l'espace* (*Spaceballs*, Mel Brooks, 1987).

Mais c'est également l'occasion de lancer un discret dialogue cinématographique, par-delà les frontières et les années. En 1972 sort en Union Soviétique un étrange film d'Andrei Tarkovski, *Solaris*. Adapté du roman de l'auteur polonais Stanislas Lem (*Solaris*, 1961), il raconte la confrontation de scientifiques terriens, sur une station orbitale lointaine, face à un monde-esprit gigantesque, avec lequel la communication s'avère plus que difficile. Vécu comme une réponse des communistes à *2001*, *Solaris* part du même postulat, le risque que court l'homme de découvrir dans l'espace des choses qui lui seront par nature éternellement incompréhensibles. Mais il en prend le contre-pied sur le fond : si le monolithe de *2001* admet une lecture mystique et pourrait être même l'instrument de Dieu, l'esprit océanique de *Solaris* est une entité purement matérielle ; elle est tout simplement trop colossale et trop déconnectée de nos réalités quotidiennes pour que nous puissions trouver un terrain d'entente avec elle.

Comme *2001*, *Solaris* s'inscrit dans un mouvement de l'humanité vers le ciel. Le personnage de Chris Kelvin (Donatas Banionis) décore sa maison de gravures représentant des montgolfières, il y en a sur tous les murs, partout, sans que le regard puisse y échapper. Cette rondeur du ballon renvoie à celle de la station et à celle du monde de Solaris, mais aussi aux sphères et cercles omniprésents dans *2001*. Ces montgolfières insèrent le voyage de Kelvin dans une séquence, une tradition dont il n'est que le continuateur, de la même façon que le vol du professeur Floyd est présenté comme le résultat d'une chaîne d'évolution technologique commencée à l'aube de l'humanité.

Ce dialogue initié par Tarkovski en réponse à *2001*, il semblerait que Kubrick l'a accepté et y ait répondu à son tour. Dans son *Shining* (1980), il insère une scène qui fait directement écho à un passage de *Solaris*. Se déplaçant dans un couloir d'un étage qu'il sait désert, le petit Danny Torrance (Danny Loyd), croise la trajectoire d'un ballon qui ne peut matériellement avoir été lancé par personne. La séquence renvoie directement à celle où Kelvin, arpentant les couloirs de sa station, est troublé par des rires d'enfants totalement incongrus en pareil cadre.

Mais la comparaison entre *2001* et *Solaris* ne va pas sans paradoxes. *2001* pose une tension continuelle, un effort de dépassement de sa condition par l'homme, s'éloignant toujours un peu plus de ses racines animales pour atteindre un niveau surhumain, nietzschéen (et ce n'est pas pour rien que la musique emblématique accompagnant l'élévation de l'homme est *Also sprach Zarathustra*, de Richard Strauss), l'amenant à un stade divin après qu'il s'est dépouillé de tous ses artifices, y compris son rapport à l'espace et au temps. *Solaris*, film reflétant censément une perspective communiste et positiviste, oppose un modernisme, représenté par la station métallique dans laquelle les hommes deviennent graduellement fous, à une authenticité, la maison de campagne, où ils peuvent peu ou prou tenter de guérir leurs blessures. Ce qui réconcilie les deux, ce qui crée le lien, ce qui les inscrit dans une série, ce sont les gravures de montgolfières au mur. Mais *Solaris* pose quand même une solution de continuité entre ces deux mondes, quand *2001* affirme leur unicité profonde et décrit une marche inexorable de l'histoire, et en ce sens est peut-être nettement plus marxiste. Les reflets des lumières sur le casque de Bowman renvoient d'ailleurs à ceux de la visière de Gagarine, dans les documentaires concernant son entraînement, que les services soviétiques de propagande avaient abondamment fait circuler durant les années 1960. Comme quoi, vues de l'espace, les frontières terrestres semblent triviales.

Il est étrange de voir Steven Soderbergh s'attaquer à un remake de *Solaris* à l'aube des années 2000. En effet, le cinéaste reste plus connu pour des polars distanciés que pour de grandes fresques spatiales. N'eût été sa réputation de styliste aimant à s'emparer de genres visuels très divers (par exemple l'expressionnisme allemand dans son *Kafka* de 1991), on pourrait craindre une meringue boursouflée du genre du *Mission to Mars* (2000) de Brian de Palma. Mais Soderbergh s'attaquant à *Solaris*, c'est la quasi-assurance d'obtenir un commentaire visuel d'un genre et d'œuvres précédentes.

Certes, la communication officielle parlait d'une nouvelle adaptation du roman de Stanislas Lem, pas d'un remake du film de Tarkovski, mais les studios hollywoodiens et leurs attachées de presse sont ainsi faits qu'il leur faut essayer de vendre comme un *blockbuster* tout film de science-fiction à effets spéciaux, quel que soit son traitement. Mais plus qu'un remake[47], en effet, cette version de *Solaris* se veut une continuation du dialogue entamé

---

47 De toute façon, le film de Tarkovski lui-même est un remake d'un film en noir et blanc réalisé en 1968 par Boris Niremburg pour la télévision soviétique, beaucoup moins ambitieux visuellement. Mais le budget n'est visiblement pas le même non plus : en 1968, l'écoutille du vaisseau ressemble incroyablement à une vieille porte de studio.

trois décennies plus tôt. La version de 1972 était une réponse ? Celle de 2002 sera un reflet. C'est même le sujet du film : les apparitions qui hantent la station spatiale sont les reflets des souvenirs de ses occupants et eux-mêmes finissent par se perdre dans le palais des glaces qu'est devenu leur propre esprit. Cette primauté du reflet est appuyée par la manière qu'a Soderbergh de filmer toutes les surfaces lisses, qui se retrouvent à démultiplier toutes les lumières. Jusqu'au casque de Chris Kelvin, joué par George Clooney, qui accroche l'éclat des voyants et des ouvertures sur l'extérieur exactement comme le faisait celui de David Bowman (Keir Dullea).

Remake d'une réponse, reflet d'une adaptation, cette version est jusqu'au bout cohérente dans son discours. C'est un palais des glaces. Et elle pose de façon lancinante la question du retour : quand le voyage spatial a transformé le voyageur, qu'est-ce donc qui revient sur Terre ?

L'affiche tchèque, jouant plei-
nement sur l'idée de reflet...

LA KERMESSE DES AIGLES

Juillet 1969, la phase finale de la course à la Lune est lancée. Les missions Apollo 8 à 10 se sont approchées toujours plus près de l'astre des nuits. Les pilotes d'*Apollo 10* auraient d'ailleurs tout à fait été en mesure de se poser, mais c'est à dessein que la NASA n'avait pas fait le plein de leur LEM, pour couper court à toute tentation. Ils doivent donc se contenter d'un passage à haute altitude aux commandes du module de descente, sans pouvoir alunir, sous peine de ne pouvoir repartir. Il s'agit de tester la mécanique et les procédures dans les moindres détails avant d'aller jusqu'au bout.

Les équipes russes sont prêtes à partir dès le début du mois. L'ambitieux programme N-1, lancé avec du retard quand les Soviétiques ont enfin compris que la NASA était sérieuse dans sa volonté d'accomplir la promesse de Kennedy, a réussi à produire une fusée gigantesque, un système de module orbital dérivé du *Soyouz*, mais nettement plus lourd et volumineux, et un module lunaire monoplace, le LK, conçu par Korolev peu de temps avant son décès.

Mais cette hâte a eu un prix. La motorisation très complexe de la N-1 n'a pas été complètement testée, et les instances politiques refusent dès lors de risquer un équipage lors d'un tir tant que tout le système n'a pas été validé. Les cosmonautes envoient une protestation et sont prêts à signer une décharge pour passer outre, mais le risque en termes d'image est jugé beaucoup trop grand pour se passer d'un test grandeur nature.

Le temps presse néanmoins. Depuis *Apollo 8* à la Noël 1968, les Américains ont fait preuve de leur capacité à mettre une capsule habitée en orbite autour de la Lune et en mars, *Apollo 9* a démontré le bon fonctionnement

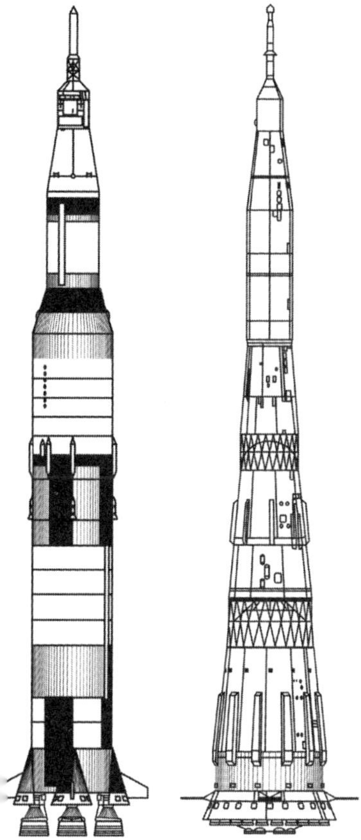

Saturn V n'a été dépassée en gigantisme, et de peu, que par la N1 soviétique.

du module lunaire *LEM*. La victoire sera sur le fil quoiqu'il arrive.

Le 3 juillet a lieu un tir à vide, sans pilote, de la fusée N-1. Il est catastrophique : l'énorme engin retombe sur son pas de tir et explose avec la puissance d'une bombe de 10 kilotonnes. Malgré des tentatives de reconstruction, c'en est fait des ambitions lunaires de la Russie. Le projet de base lunaire (prévue pour 1975) sera abandonné, et l'exploration sera confiée à des engins automatiques comme le *Lunokhod* de 1971.

La NASA a le champ libre, et le 21 juillet, c'est un Américain, Neil Armstrong, vétéran du programme *Gemini*, qui est le premier homme à poser le pied sur la Lune, un petit pas pour l'homme qui réalise la grande enjambée promise en son temps par Kennedy. La course est terminée, et *Apollo 11* enfonce, comme prévu, toutes les grandes premières précédentes. Il va devenir très dur de faire plus spectaculaire, et de fait, la mission *Apollo 12* en novembre aura lieu dans une relative indifférence.

« HOUSTON ? ON A UN PROBLÈME. »

Le vol d'*Apollo 13*, en avril 1970, manque de jeter à bas tout le programme lunaire. Une explosion dans le module de service[48] prive la capsule d'alimentation électrique, forçant les astronautes à recourir à l'alimentation du *LEM* et aux piles à combustible pour survivre, le temps de trouver et de bricoler avec les moyens du bord une solution de retour.

Le coup de génie de la NASA, ça aura surtout été de communiquer en temps réel sur l'évolution de la situation. Le public se passionne pour les tribulations de l'équipage d'*Odyssey* (c'est le nom, prédestiné, de la capsule) qui deviennent alors une sorte de feuilleton réalité, bien avant l'époque des chaînes d'information en continu, rythmé par les dépêches et les communiqués de l'agence spatiale. Les trois astronautes, Jim Lowell, Jack Swigert et Fred Haise sont ramenés sur Terre à grand-peine, et au prix de bricolages insensés. La NASA a senti passer le vent du boulet. Elle a à nouveau réussi à passionner les foules, mais pour toutes les mauvaises raisons.

Le problème, c'est que faute de cet aspect dramatique, les missions suivantes retombent rapidement dans la routine, au point que la grande nouveauté d'*Apollo 15*, la jeep lunaire, a un côté gadget[49]. Les dernières missions lunaires finissent

48 L'explosion était due à un boulon trop serré, qui entraîna une cascade de problèmes électriques par effet domino. La complexité de ce genre de vols est telle qu'une vis ou un écrou mal mis en œuvre dans un système annexe peuvent conduire à l'échec d'une mission à plusieurs millions de dollars.

49 L'humoriste Jerry Seinfeld en tirera quelques années plus tard un sketch dévastateur sur le fétichisme de l'homme envers l'automobile.

par être annulées et le vol *Apollo 17*, en 1972, sera le dernier du programme lunaire. Les capsules *Apollo* restantes seront lancées dans le cadre de simples missions orbitales comme le rendez-vous *Apollo-Soyouz* de 1975, et lancées avec la fusée *Saturn I-B*, plus petite et moins onéreuse que la *Saturn V*, monstre de 110 mètres qui les expédiait vers la Lune.

Et la mission conjointe *Apollo-Soyouz* montre bien que la course est terminée, que la partie est finie : cette poignée de main entre adversaires, c'est celle de tennismen qui conviennent avec *fair-play* que le match a été beau, mais qu'il est grand temps de rentrer chez soi.

Le jazz venu d'ailleurs !

On siffle la fin de la partie. Avec panache, certes, mais c'est la fin.

CHAPITRE 5 : SOUS LE SCAPHANDRE, LE COMPLET GRIS

« Oui, nous avons lassé même le feu. »
Friedrich Nietzsche

Après l'accomplissement que représentaient les premiers pas sur la Lune et la rencontre au sommet *Apollo-Soyouz*, l'intérêt retombe. De fait, la réalisation d'un imaginaire a tendance à le stériliser ou tout au moins à l'assécher : les versions différentes et parfois pléthoriques qui pouvaient avoir cours précédemment se retrouvent par la force des choses renvoyées au rang des fantaisies. Ce qui n'est pas forcément un problème, il faut seulement assumer cette part de fantaisie. Mais alors que les années 1960 étaient capables de slogans comme « soyons réalistes, exigeons l'impossible », le réalisme pur et dur, le plus ras de terre, se substitue à l'idéal et finit même par se faire passer pour lui. C'est le réalisme façon expert-comptable en complet gris, raisonnant en termes de bilan trimestriel et d'amortissement sur trois ans.

Il faut dire que l'espace, c'est cher, très cher. Et s'il a des retombées pratiques quasi immédiates, allant des couches-culottes jetables[50] aux télécommunications

50 Les couches culottes ont été mises au point après un incident survenu lors des débuts du programme Mercury. Les vols étaient de courte durée, mais l'attente avant le compte à rebours final pouvait s'avérer longue, très longue. Et une combinaison bardée de capteurs électroniques n'est peut-être pas le meilleur endroit où se soulager.

satellitaires, en passant par l'ULM, développé par la NASA au début des années 1960 sous le nom de *Paresev* pour tester certaines surfaces portantes, les agences spatiales ne voient pas la couleur des profits générés. Au contraire, on a tendance à leur couper les ailes. Les éléments de prospective fournis par la NASA à Stanley Kubrick pendant le tournage de *2001* resteront dans les cartons.

Et puis, la Lune a été atteinte. La course a été gagnée. Et après la course, le coureur s'assoit sur un banc et retire ses chaussures, c'est une tradition. Les politiques ont obtenu le gain d'image qu'ils espéraient, et ils passent à autre chose. D'autant qu'il y a des guerres en cours en Asie et que le prix du pétrole augmente brutalement, plongeant le monde dans la récession. Les programmes spatiaux sont priés de devenir plus économiques, et tant pis pour Wernher von Braun qui sortait de ses cartons tous ses plans pour une expédition vers Mars, toute une technologie pour le vol de longue durée à inventer, entre la motorisation et le blindage du vaisseau. Herr von Braun est renvoyé à ses trop chères études et invité

Rencontre au sol des deux équipages qui se reverront en orbite.

à remballer ses schémas. En 1972, il quitte la NASA, et décède cinq ans plus tard. À l'instar de Korolev pour la Russie, mort en 1966, von Braun avait été l'artisan de la présence de l'homme dans l'espace, la cheville ouvrière du programme américain de fusées.

Et donc, il s'agit de ranger les jouets. Le programme *Apollo* est amputé de ses trois dernières missions, ce qui libère des fusées *Saturn V* qui pourront être utilisées à d'autres tâches. La NASA ressort alors une vieille idée dont von Braun avait jeté les bases dans les années 1930 : recycler le dernier étage, et surtout son volumineux réservoir d'hydrogène liquide, pour en faire un espace habitable qu'on pourra connecter à différents modules et à des panneaux solaires lui fournissant de l'énergie. Ce sera *Skylab*, une station permettant des séjours de longue durée dans l'espace, et donc des études suivies sur la physiologie en apesanteur ou les cycles solaires. L'idée reste bien entendu de préparer les vols vers Mars, mais ça, les responsables de la NASA se gardent bien d'en parler aux décideurs politiques. L'argument qu'ils font valoir, c'est que ce qui est cher, ce sont les tirs eux-mêmes. Les fusées à usage unique sont mieux employées à mettre un équipage sur orbite pour plusieurs semaines que pour quelques jours.

S'installer durablement dans l'espace, ce n'est quand même pas une mince affaire. *Skylab* est sauvé par un bricolage à base de perche télescopique qui permet de remplacer une protection thermique perdue au lancement. Et si le savoir-faire russe en matière de stations orbitales ne fait aujourd'hui plus aucun doute, il n'en a pas toujours été ainsi. *Saliout* 6 et 7, puis *Mir* ont permis de battre de très nombreux records et de mener des expériences très complexes, ainsi que d'assurer une présence permanente de l'homme en orbite sur plusieurs décennies, mais les débuts du programme ont été beaucoup plus laborieux : L'équipage de *Saliout 1* meurt lors de sa rentrée dans l'atmosphère, et *Saliout 2* quitte l'orbite avant même d'avoir reçu le moindre cosmonaute. Il faudra quelques années, et pas mal de crédits militaires, pour amener cette technologie à maturité.

Le bureau d'étude de la NASA a produit de nombreuses maquettes illustrant les nouveaux concepts pour les expliquer aux décideurs. Ici : ***Skylab***.

Mais battre un record de durée, ce n'est pas tout à fait la même chose que de réaliser une grande première. Ça ne produit pas d'image-choc ni de grand récit. L'imagerie héroïque est très vite remisée dès que la course à l'exploit est terminée et que la nécessité politique est ailleurs, qu'elle consiste à sécuriser des puits de pétrole ou à marquer des points dans une grande partie d'échecs ou de go dont le plateau est la terre ferme. Une image se dévalue vite à l'ère de l'information, et celle du cosmonaute a perdu de sa nouveauté.

L'autre problème, c'est que les exploits iconiques ont figé l'imagerie de la conquête spatiale. Disparues, les combinaisons près du corps des héros de *pulps*. Disparus, les casques sphériques et totalement transparents. Terminé, les fusées à ailerons rutilants. L'image de la conquête spatiale, ce sont les étroites capsules qui rentrent à moitié calcinées, les combinaisons pressurisées qui donnent à leur porteur l'inimitable grâce d'un *bibendum* Michelin[51], les visages hagards et mal rasés des cosmonautes pantelants quittant leur engin après l'atterrissage… Et surtout, ce sont les missions numérotées, avec des numéros qui grimpent rapidement de surcroît. Buck Rogers est momentanément rangé au rayon des accessoires un peu ringards, avec les cow-boys[52] et les mousquetaires, exactement comme le voyage de Colomb avait donné naissance à la figure de l'Indien, tout en faisant disparaître les hommes-pieds et autres créatures improbables dont Marco Polo peuplait les îles lointaines.

Ce coup porté à l'imaginaire spatial, cette *reductio ad gagarinum*, la culture mettra du temps à le digérer. D'ailleurs, le rêve se déporte vers cette époque dans d'autres directions. C'est le temps où *Le Seigneur des anneaux* et *Conan le barbare*, publiés pourtant des années voire des décennies auparavant, trouvent un nouveau public et deviennent des phénomènes éditoriaux.

La science-fiction elle-même opère une mutation, se faisant spéculative. Ce sont les *Dangereuses Visions* compilées par Harlan Ellison ou la joyeuse bande d'iconoclastes réunis par Michael Moorcock dans la revue *New World* qui tiennent le haut du pavé. Les visions se font moins cosmiques et plus sociales, plus revendicatives. Et plutôt que de recréer des utopies sur des mondes

51 La NASA aura mis quarante ans à le comprendre, et organise à présent des concours de *design* pour créer les combinaisons de la future expédition vers Mars et les rendre *glamour*.

52 Notons que le cow-boy a connu le chemin inverse. L'imagerie fantaisiste créée par Buffalo Bill pour ses spectacles s'est surimposée à la réalité, et l'on n'imagine plus le cow-boy sans son colt ni son feutre Stetson.

à défricher, on se dit qu'il vaut mieux s'attaquer aux maux de l'ici et maintenant. Les récits accompagnent les prises de conscience écologiques et politiques du temps. Et alors que le réalisme devient une valeur cardinale, la fiction se doit d'interroger de plus en plus la notion de réel.

Parallèlement, le « look NASA » qui devient la règle dans la représentation des engins spatiaux ne satisfait pas tout le monde : le cinéaste et scénariste Alejandro Jodorowski brocardera d'ailleurs à plusieurs reprises ce rendu stérile, et selon lui impropre à la vie, des intérieurs blancs et métallisés des vaisseaux dans la tradition *2001*. Le fait que les astronautes soient tous ou presque d'anciens pilotes d'essais et autres as de la chasse n'arrange rien, en une époque où le complexe militaro-industriel est de plus en plus contesté.

C'est aussi l'époque où un film comme *Silent Running* (Douglas Trumbull, 1972) vient nous rappeler qu'aussi haut qu'on aille, on est facilement rattrapé par des contingences terrestres, par des décisions politiques, par des équilibres budgétaires. L'espace est peut-être une porte de sortie, mais le monde se referme et s'aigrit, dans un réflexe probablement suicidaire.

Et une des formes que prend l'aigreur, c'est la paranoïa. Après les années Nixon et l'affaire du Watergate, l'époque s'y prête. En 1977, la première très grosse production de Peter Hyams[53] s'appelle *Capricorn One*, et c'est un film assez dérangeant. En ces années où la NASA

53 Il réalisera par la suite plusieurs films de science-fiction dont nous aurons l'occasion de reparler, comme *Outland* ou *2010*, mais aussi *Un Coup de tonnerre* (*Sound of Thunder*, 2005), une adaptation de Ray Bradbury qui traite de voyage temporel et non plus spatial.

La Russie tient à donner le goût de l'espace à ses habitants dès leur plus jeune âge. (une aire de jeu dans une ville nouvelle de Sibérie).

n'a plus de présence humaine dans l'espace, entre la fin du programme Apollo et le premier vol de la Navette, il sème le doute. Car dans *Capricorn One*, le premier vol vers Mars est annulé, mais les instances dirigeantes veulent en conserver l'impact politique. Il sera donc mis en scène en studio, pour faire croire à la suprématie de l'Amérique. Les astronautes sont séquestrés et priés de se plier à une mise en scène, à un débarquement factice.

L'idée se gravera très profondément dans l'inconscient collectif, et ressortira à intervalles réguliers, chaque fois que la paranoïa conspirationniste redeviendra *mainstream*. C'est-à-dire de plus en plus souvent.

Pourtant, la culture arrive encore à montrer l'espace comme porte de sortie : le terrifiant générique de la série *Il était une fois l'Homme* (Albert Barillé, 1978) pose, après l'évolution de l'homme, la consumation des ressources de la planète, et l'espace comme seule échappatoire. Quitter le berceau de Tsiolkovski devient alors un impératif de survie. Mais une société basculant dans l'aigreur et la paranoïa, voire le totalitarisme *soft*, ne saurait tolérer longtemps qu'on propose des échappatoires qui lui soient extérieures.

De toute façon, l'espace fait déjà de moins en moins rêver.

CAMIONNEURS INTERPLANÉTAIRES

Dans *Star Wars*, également sorti en 1977, la problématique du vol spatial n'est abordée qu'au retour d'une célèbre réplique de Han Solo : « Piloter un engin dans l'hyperespace, c'est autre chose qu'une moissonneuse-batteuse ! Un millième d'erreur de calcul et la trajectoire passe au travers d'une étoile. Ou pire, on frôle une supernova… Et là la balade est terminée, p'tit gars. » Pour le reste, l'espace n'est qu'un décor commode pour une histoire de *fantasy* qui pourrait tout aussi bien se dérouler dans une époque médiévale un peu exotique à la recherche d'une forteresse cachée. George Lucas, le réalisateur, n'a jamais fait mystère de son envie d'adapter pour le cinéma des récits qu'il a aimés, comme *Le Seigneur des anneaux* ou *Flash Gordon*, et cela se voit. Mais du coup, il réactive les codes du *space opera* des années 1930, que la *hard science* et la *speculative fiction* avaient renvoyés à l'arrière-plan de la science-fiction et aux collections populaires. Ce retour à un imaginaire plus ancien, c'est une façon de remonter vers les racines d'un arbre dont on aurait entre-temps élagué les plus hautes branches pour n'en laisser qu'une, tout en permettant peut-être de revivifier l'ensemble.

Le côté merveilleux, exaltant de *Star Wars*, c'est sa référence constante au conte, à une forme de magie. L'aspect spatial y est affaire de voyous transporteurs de contrebande, ou d'amiraux exhibant leurs énormes jouets technologiques[54], mais il n'est déjà plus la clé du récit. L'espace, ce n'est que le grand chemin sur lequel on

54 Qui ne sont rien, comparés à la Force, c'est bien connu.

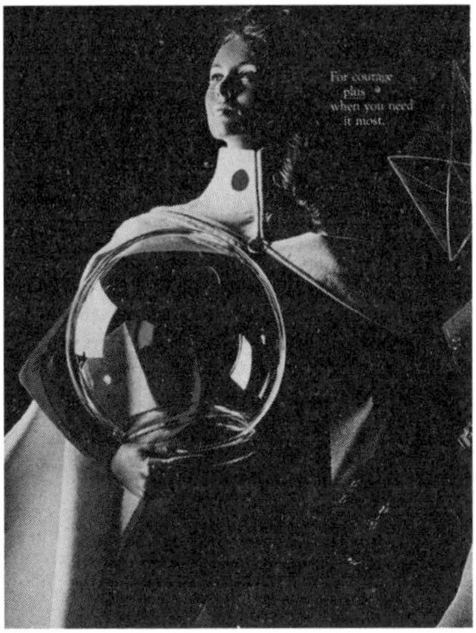

Pendant ce temps, l'Amérique sait s'emparer de la *hype* spatiale pour vendre des produits divers. (Publicité pour les tampons Kotex)

circule, et plus du tout l'ultime frontière qu'on s'acharne à repousser. Si traditionnellement les communautés de fans opposent *Star Wars* et *Star Trek* en termes d'idéologie et de vision des personnages et de leur destin, force est de constater que la représentation de l'espace est la même. L'espace est un médium, un élément du décor, mais pas un élément du récit. Peut-être est-il symptomatique que les titres des deux séries mettent l'accent sur les étoiles, et pas sur l'espace qui les sépare.

L'*Alien* de Ridley Scott (1979), fait lui aussi de l'espace une chose banalisée, dont le *sense of wonder* semble délibérément exclu. Les mécanos ne semblent pas impressionnés par les décors insolites et grandioses qu'ils traversent et préfèrent discuter droit syndical et primes de charbon. Le *Nostromo*, énorme tanker spatial dans lequel se déroule l'essentiel de l'histoire, est un monstre démesuré, mais surtout crapoteux, rouillé comme un cargo panaméen battant pavillon maltais. La conquête de l'espace est, dans cet univers-là, une chose actée, intégrée et totalement digérée. À l'aube de la révolution conservatrice des années 1980, place à l'exploitation de la ressource par des gens banals qui n'ont rien de héros, des personnages avec lesquels l'identification est une évidence horizontale, et non un effort vertical.

Dans l'imaginaire collectif, l'espace est devenu une chose de tous les jours, peuplée de gens de tous les jours. En une décennie, on est sorti du mythe du héros pionnier pour aboutir à l'image de Yaphet Koto et Harry Dean Stanton en marcel maculé de cambouis et casquette frappée du logo de leur employeur, maniant la clé à molette et négociant leur plan de retraite. Heureusement qu'il y a l'*alien* lui-même pour venir nous rappeler qu'à l'instar de l'océan duquel surgit le requin des *Dents de la mer*, l'espace n'est pas encore complètement exploré, pas encore dompté. Il recèle encore des dangers auxquels les armateurs exposent délibérément leurs équipages. Mais en cela aussi, justement, il est normalisé. L'imagerie maritime n'est jamais loin, on le voit ici encore, dès que l'on parle de voyage spatial.

Ces deux mécanos râleurs ne sont certes pas une nouveauté : Powell et Donovan, les deux ingénieurs du cycle des Robots d'Isaac Asimov sont évidemment leurs proches ancêtres, et ce sont des personnages des années 1940 et 1950. Ils présentent, sous une forme légèrement atténuée, le même mauvais esprit et le même côté terre-à-terre, mais ce sont les deux antihéros d'*Alien* qui donnent de la visibilité au prolétariat du futur.

Cette normalisation et ce prolétariat spatial sont d'ailleurs au cœur d'*Outland* (Peter Hyams, 1981). Le récit est ancré dans le quotidien de mineurs de fond creusant les entrailles d'une lune de Jupiter. Infirmerie, cantine, bars, sombres recoins où l'on deale de la dope, rien ne nous est épargné pour ancrer le récit dans une forme de réalisme banal, pas si différent d'une plateforme pétrolière où d'une mine d'uranium dans l'*outback* australien. La différence tient au milieu infiniment hostile du vide. La moindre défaillance des lourds scaphandres portés par les travailleurs signifie une mort atroce et explosive[55]. Pour le reste, le récit convoque l'imaginaire de la Frontière et les outils narratifs du western, avec marshall incorruptible, bandits débarquant à l'heure dite et duel au soleil, ou tout au moins sous la lueur rougeâtre de Jupiter, énorme et massive. *Outland*, c'est *Le Train sifflera trois fois* avec Sean Connery dans le rôle de Gary Cooper, et des casques de scaphandres dans celui des feutres Stetson.

Trois ans plus tard, cet espace en voie de banalisation sert d'arrière-plan à un autre film de Peter Hyams, *2010, l'année du premier contact*. S'il est censé être la suite du *2001 l'Odyssée de l'Espace* de Stanley Kubrick[56], *2010* s'écarte de l'esthétique glaciale de son modèle. Le plastique blanc immaculé cède aussi souvent que possible la place au métal nu et aux voyants lumineux. Si les héros du film ne sont pas forcément des vétérans de l'exploration lointaine, ils voyagent avec des cosmonautes soviétiques rompus au travail en apesanteur, rodés, blasés, hermétiques au *sense of wonder*. De toute façon, quand l'ingénieur doit enfiler un scaphandre pour passer d'un vaisseau à l'autre, ce qui

55 Le cinéma a toujours représenté les accidents de décompression, connus depuis les débuts de la plongée sous-marine, d'une façon gore et giclante. On se trouve ici, comme de juste, dans l'exagération hollywoodienne habituelle. La décompression brutale génère des bulles dans le sang et des embolies potentiellement mortelles, mais pas des explosions de bonshommes. Tout comme faire tomber une voiture d'une falaise ne la fait pas immédiatement exploser. Le langage cinématographique est en règle générale et en soi une fiction très éloignée de la réalité.

56 Et il est vrai qu'en tant que suite, il est assez irrecevable. Par contre, pris isolément, pour ce qu'il est, c'est un beau film assez réaliste sur le voyage spatial et la façon dont il est instrumentalisé par le politique.

Dès 1970, l'astronaute tourne tristement le dos à la Lune (illustration de Gray Morrow)

prime ce n'est pas l'émerveillement, c'est sa peur panique, son vertige, pendant que son compagnon plus aguerri tente de le rassurer, et n'y voit qu'une traversée routinière de plus durant laquelle le vieux briscard se doit d'initier le novice.

Car, comme en écho de la mission *Apollo-Soyouz*, Américains et Russes doivent se serrer les coudes là-haut, pendant qu'ici bas leurs dirigeants semblent prêts à s'envoyer le feu nucléaire à la figure. Mais c'est ce décalage dans la perception qui permet de faire naître la magie, la sensation de défi et d'immensité. Contrairement à ce qui se passe dans *Star Trek* et *Star Wars*, les cosmonautes de *2010* sont directement confrontés au vide, à l'apesanteur, à la désorientation. Et à l'hostilité fondamentale d'un milieu à jamais étranger.

Koyaanisqatsi (Godfrey Reggio, 1982) n'est pas un film de science-fiction et l'on n'y voit aucun cosmonaute. Il ne devrait donc, en toute logique, pas avoir sa place dans cet ouvrage. Et pourtant, il est assez révélateur d'un changement d'état d'esprit à l'œuvre dans le public de l'époque. Le film est une illustration des thèses du penseur écologiste Ivan Ilitch sur la convivialité d'une société à taille humaine, et il est d'ailleurs cité, parmi d'autres, dans les remerciements. Cette époque charnière entre les deux décennies de grandes contestations et le début de l'ère ultralibérale se devait de produire une œuvre antidote.

Reggio a visiblement tout compris à Kubrick. Ses survols, évoquant la traversée de la porte des étoiles sans les retraitements d'image de *2001*, et ses plans fixes accélérés ou ralentis selon le principe du *time lapse* recréent une sensation d'inquiétante étrangeté avec des séries d'images pourtant familières. Reggio nous décrit un monde oppressant, une fourmilière en accélération constante qui dissout les catégories naturelles entre liquide, gazeux, solide, humain, minéral… L'accélération sans fin du monde technologique ne peut que produire de l'absurdité et de la négation de l'humain.

Seule échappatoire, à la fin du film, une fusée jaillissant vers le ciel et les espaces vierges. Mais la fusée explose, et un de ses moteurs retombe lentement sur une musique funèbre de Philip Glass, en tournoyant tel un Saint Graal de feu. Il emporte avec lui les espoirs d'une humanité étouffant peu à peu dans la démesure de ses propres créations, qui ne sont depuis longtemps plus à son échelle. Montré quatre ans avant l'explosion de la navette Challenger, ce final en forme de feu d'artifice se pare rétrospectivement d'une patine prophétique. Mais il est aussi la mise en forme d'une défiance fondamentale. Dans le monde libéral des années 1980, l'alternative et l'échappatoire ne doivent plus exister. C'est l'époque où l'on sonne la dernière charge contre le dernier contre-modèle, l'époque où Ronald Reagan convoque la *Guerre des étoiles* pour abattre l'étoile rouge.

L'espace n'est plus dès lors le domaine des pionniers, il n'est plus le domaine du rêve, il n'est plus qu'une extension du domaine de la lutte, un domaine tout terrestre soumis plus que jamais à des impératifs politiques et économiques, à des sociétés globalisantes qui substituent la loyauté au système à toute notion d'aventure humaine.

L'OBSÉDÉ DE LA TUYAUTERIE

Une grande partie de l'impact d'*Alien* tient à l'environnement mis en scène. C'est tout un travail de design qui est visible à l'écran, des espaces confinés, oppressants, générant un malaise, une claustrophobie diffuse. L'esthétique du sous-marin a enfin été projetée telle quelle dans les espaces infinis. On quitte les panneaux d'inox clinquants et de plastique blanc immaculé pour mettre les mains dans le cambouis. Le responsable ? Un certain Ron Cobb, qui se définit lui-même comme un « ingénieur frustré ». De fait, il y a chez lui la volonté que chaque élément soit fonctionnel, du moindre passe-câble à la plus petite vis, ce qui conduira d'ailleurs parfois à des conflits avec le réalisateur Ridley Scott, qui remaniait les décors pour organiser le cadrage. Mais comme il le dit lui-même : « j'aime ce genre de défi, dessiner un vaisseau spatial jusqu'aux contenances en carburant et au mode de fonctionnement des moteurs ». Le *Nostromo*, vaisseau spatial et cadre de l'action, tient plus de la raffinerie volante, de la cathédrale d'acier et du grand orgue maculé que de la fusée blanche et brillante frappée d'un acronyme d'agence spatiale. Cette allure d'aciérie sur le retour, c'est la patte Ron Cobb, et c'est tout l'imaginaire de l'école Métal Hurlant. On a peine à croire que le designer sort des studios Disney et a participé à la conception de la *Belle au bois dormant* (*Sleeping Beauty*, Walt Disney, 1959) ni qu'il est un dessinateur de presse à la fibre écologiste mordante.

S'il aura aidé à mettre en forme des univers aussi différents que ceux des *Aventuriers de l'arche perdue* (*Raiders of the Lost Ark*, Steven Spielberg, 1981), *Conan le barbare* (*Conan the Barbarian*, John Milius, 1982), *Starfighter* (*The Last Starfighter*, Nick Castle, 1984) ou *À l'aube du sixième jour* (*The Sixth Day*, Roger

Spottiswoode, 2000), il reste surtout connu pour ses univers oppressants et métalliques, dans lesquels la crasse le dispute au confinement. Dès *Dark Star* (John Carpenter, 1974), il pose une ambiance qui l'accompagnera tout au long de sa carrière, des deux premiers *Alien* à *Firefly* (Josh Whedon, 2002-2003), en passant par les profondeurs écrasantes de *Leviathan* (George Pan Cosmatos, 1989) et d'*Abyss* (James Cameron, 1989). La parenté est évidente, et le syndrome du sous-marin joue à plein. On reste dans l'imaginaire maritime, mais peut-être un peu plus celui d'un William Hope Hodgson (1877-1918) qui gardait un mauvais souvenir de ses aventures sur l'eau et en avait tiré des récits horrifiques comme *Les Pirates fantômes*, *La Chose dans les algues* et *Les Canots du Glenn Carrig*.

Au-delà de cette impression de réel, Cobb contribuera à parer le voyage spatial des atours du cauchemar, au cours d'une décennie qui remet en cause bien des rêves...

Tron (Steven Lisberger, 1982) recycle les éléments visuels du *space opera*, vaisseaux énormes et combinaisons ornées de motifs abstraits évoquant aussi bien des circuits imprimés que des héros de Jack Kirby. Mais le film renvoie pourtant la notion de Nouvelle Frontière à un espace intérieur, microscopique, celui de l'ordinateur. Tout se passe comme si Hal 9000 avait fini par phagocyter non plus le vaisseau de *2001*, mais tout l'univers qui allait avec, comme si le Dieu vengeur s'était emparé du jardin d'Éden et avait ensuite étendu de proche en proche son territoire à la totalité du monde.

Tron fournira par ailleurs au courant *cyberpunk* une bonne moitié de son imagerie[57], l'autre moitié étant apportée par le *Blade Runner* de Ridley Scott, sorti la même année, dans lequel l'espace n'est plus qu'une perspective un peu abstraite, une échappatoire décrite à coups de slogans aventureux sur des panneaux publicitaires animés et qu'on devine bien plus hostile que ne veulent bien l'admettre les chantres de l'émigration : ceux qui en reviennent sont frappés de folie homicide. Anges déchus ayant tourné le dos au ciel, ils en veulent à leur créateur. Qu'ont-ils trouvé là-haut qui les a ainsi frappés de désillusion ? Et surtout, que n'y ont-ils pas trouvé ? Le ciel retrouve ici sa dimension métaphorique la plus ancestrale et se charge d'une terreur existentielle des plus pascaliennes.

En tout cas, le changement de focale de la science-fiction est évident. Le *cyberpunk* ne s'intéresse plus que de très loin aux mondes lointains. Ses protagonistes sont englués sur

57 Mais notons que le modèle de combinaison spatiale retenu par la NASA dans le cadre de son programme martien semble nettement inspiré de l'esthétique *Tron*.

Silent Running, ou le télescopage des préoccupations écologiques du temps, et des centres de décision technocratiques.

cette terre, ou dans le meilleur des cas sur des stations orbitales crasseuses en orbite basse. Ils sont les héritiers des mécanos, réparateurs de pneus et autres représentants de commerce dépressifs de Philip K. Dick étouffés par leurs déchets, qui emmènent leur mal-être et leur médiocrité avec eux où qu'ils aillent. Que ce soit dans les faubourgs de San Francisco ou des colonies poussiéreuses et déprimantes de la planète Mars, aucun d'entre eux n'est un conquérant de l'espace. Ils ne sont plus des Flash Gordon ou des Buck Rogers, mais des Monsieur Tout-le-Monde qui ne voient de l'univers que le chrome terni et piqueté des installations, l'odeur de boustifaille hydroponique avariée renvoyée par le climatiseur, et la poussière envahissante de mondes peut-être insolites, mais pas particulièrement grandioses. Le désenchantement est palpable, et dans le *cyberpunk*, il conduit à une retraite dans une autre direction, dans les mondes virtuels de la Matrice qui devient la version nouvelle de la nouvelle frontière, la vision numérique des espaces intérieurs que les disciples de Tim Leary[58] et

58 Il est d'ailleurs significatif que Timothy Leary, sur la fin, se soit fait dans *Chaos et cyberculture* (*Chaos and cyber culture*, 1996) le chantre des espaces virtuels et du cyber sexe comme ultimes moyens de libération dans un monde réel de plus en plus normé et normatif.

Aldous Huxley tentaient de conquérir à grand renfort de buvards lysergiques.

Pourtant, les auteurs *cyberpunk* ne nient pas, ou pas tous, la projection vers l'univers extérieur. La fin de *Neuromancien* (*Neuromancer*, William Gibson, 1984) évoque le contact avec une entité lointaine, et dans l'univers décrit par Walter John Williams dans *Câblé* (*Hardwired*, 1986) et *Le Souffle du cyclone* (*Voice of the Whirlwind*, 1987)[59] il y a une interaction avec des créatures venues du ciel, mais qui nous traitent de façon paternaliste, comme des indigènes arriérés. L'image de Christophe Colomb s'est inversée, et à présent nous ne sommes plus les conquérants de terres nouvelles, mais les pauvres Indiens en butte à des conquistadores ou à des missionnaires.

De fait, la science-fiction de l'époque est souvent pessimiste. Le post-apocalyptique règne sur le cinéma, le *cyberpunk* sur la littérature, et force est de constater que le *sense of wonder* n'est pas particulièrement à la mode. Il faut dire que la révolution conservatrice des années Reagan et Thatcher a consacré le « réalisme »[60] comme valeur absolue et ultime à laquelle doit se conformer toute réflexion sur l'état du monde et son devenir. Le pouvoir des gouvernements nationaux semble devoir s'effacer devant celui de grandes multinationales cyniques qui ont réduit l'humain à l'état de statistique

59 Les deux romans partagent le même univers, mais le premier se situe avant le « contact ».

60 Réalisme incarné par l'argent et l'économie, en faisant opportunément l'impasse sur le fait que l'argent, même adossé à l'étalon or, n'est qu'une fiction commode destinée à simplifier les échanges, et n'a de valeur que celle qu'on veut bien lui donner.

facilement manipulable. La fiction a entériné cet état de fait avec quelques-uns des grands méchants cinématographiques de l'époque, la *Weyland-Yutani* de la série Alien ou l'OCP de *Robocop*.

Dans un tel contexte, il est recommandé de rêver à une belle carrière dans une société de courtage plutôt qu'au ramassage de cailloux sur des cailloux plus gros où il n'y a même pas de pétrole. Le « voyage », c'est bon pour les hippies improductifs. Le futur, c'est une chose du passé, et on en viendra d'ailleurs assez vite à théoriser la fin de l'Histoire, un monde de flux désincarnés et abstraits d'argent virtuel au service de corporations sans visage.

Et donc, forcément, l'espace n'est plus considéré qu'en termes d'enjeux militaires. Certes, ils existaient dès l'origine avec les satellites-espions et les travaux sur les missiles de von Braun, Korolev et consorts, mais l'Initiative de Défense Stratégique du président Reagan, aussi appelée Guerre des Étoiles, c'est le stade supérieur aussi bien sur le plan quantitatif que qualitatif. Tant qu'à

Skylab en orbite. Notez l'écran thermique brillant, ajouté par la suite au prix d'un bricolage délirant. Sans lui, la station n'aurait pas été habitable.

engloutir des milliards de dollars pour mettre des bazars sur orbite, autant que ces bazars servent à écraser les communistes et à faire tourner toutes ces industries de la défense un peu orphelines depuis la fin de la guerre du Vietnam.

La Guerre des Etoiles selon Ronald Reagan. L'expérience a montré que ça ne fonctionnait pas très bien, à part comme écran de fumée et machine de propagande.

Parce que oui, l'espace s'est bien banalisé : pour qu'il se réimpose à l'attention du public, il faut mettre le paquet. Et même ainsi, l'effet n'est que temporaire. L'explosion de la navette *Challenger* en 1986 sert de piqûre de rappel, comme en son temps l'accident qui avait mis en danger la mission Apollo 13. À nouveau, le grand public prend conscience que l'espace est un milieu étranger, hostile et infiniment dangereux, qu'il y a une marge d'erreur incompressible. Le fait qu'on puisse expédier une maîtresse d'école dans un engin spatial ne veut pas dire qu'il est aussi sûr qu'un bus scolaire. Mais le drame cloue aussi au sol tout le programme navette, le temps d'en réinventer les boosters latéraux dont la conception au rabais, sans doute plus réaliste d'un pur point de vue économique, avait causé le drame. Censément plus rationnelle que les énormités de gros calibre comme la *Saturn V*, la navette n'en demeure pas moins un outil fragile qui demande une énorme maintenance.

Le changement de mentalité est graduel, d'un caractère souvent orwellien tant le lexique néo-libéral envahit le langage courant et le jargon des entreprises. L'économie est avant tout affaire d'économies. Les modèles héroïques sont des défenseurs de l'ordre ou des *business angels*. Et même une superproduction comme *L'Étoffe des héros* (*The Right Stuff*, Philip Kaufman, 1983) semble être un hymne passéiste à la gloire d'une époque révolue – on n'ose d'ailleurs dire à un avenir révolu –, posant les *Mercury Seven* et les pilotes de la génération de Yeager comme une sorte de pinacle indépassable de l'aventure humaine et de l'héroïsme. Et le pire, c'est que la réalité lui donne peut-être raison : contrairement à ceux des premiers astronautes qui ont réalisé les grandes premières, les noms des pilotes de la navette s'effacent très vite de la conscience du grand public.

Le film reste en tout cas un jalon, et il pose un nouveau cliché du genre, une image iconique des astronautes avançant en groupe vers le spectateur, qui sera mainte fois recyclée.

Preuve que les temps ont changé, les studios de cinéma mettent l'échec de *L'Aventure intérieure* (Joe Dante, 1987) sur le compte de son titre anglais : *Innerspace*. La présence du mot *space* aurait, selon eux, détourné le public de ce qui n'était pourtant qu'un remake tout à fait sympathique du *Voyage fantastique* (*Fantastic Voyage*, Richard Fleisher, 1966), une bonne comédie de science-fiction sans aspect spatial. Mais Hollywood est ainsi et fonctionne souvent au doigt mouillé, d'une façon aussi rationnelle que les errances statistiques d'une bande de *traders* sous coke. L'espace est banni de l'imaginaire sur grand écran. L'heure est aux films d'action bourrins et souvent revanchards, aux muscles huilés de Stallone et de Schwarzenneger. Ils sont d'ailleurs souvent moins chers à produire.

Ce facteur prix donne un avantage à la bande dessinée, pour laquelle le budget concerne essentiellement des crayons et des ramettes de papier, et peut donc plus facilement se permettre de voyager au loin.

NUITS INFINIES

Le manga *2001 Nights Stories* (*Nisen'ichi Ya Monogatari*, Yukinobu Hoshino, 1984-86) se construit sur une imagerie antérieure. Bien des scènes font visuellement référence au film *2001* de Stanley Kubrick, mais l'ensemble de la série semble être un commentaire général et une synthèse[61] de la science-fiction d'exploration spatiale, et plus généralement de la culture humaine dans son ensemble en tentant de la replacer dans un univers plus vaste. Le titre lui-même et sa structure en fables relativement indépendantes les unes des autres renvoie bien évidemment aux contes des *Mille et une nuits* replacés dans une perspective futuriste (contrairement au conte qui, par principe, se situe dans un passé indéterminé). Mais la référence à Kubrick va bien au-delà des nombreux emprunts visuels (centrifugeuses, image du fœtus, œil de l'ordinateur, excavations lunaires, vieillards attablés dans des environnements stériles), c'est le rythme même du récit qui évoque le lent ballet des êtres et des machines en apesanteur,

61 Et même cette forme de syncrétisme dont les auteurs japonais sont d'ailleurs coutumiers : leur regard extérieur sur la culture occidentale leur permet des associations d'idées et des raccourcis bien à eux, des éclairages originaux et souvent bienvenus.

pour constituer par petites touches impressionnistes une histoire du futur s'étalant sur plusieurs siècles, un panorama de l'avenir.

Alors que l'astronaute David Bowman découvrait à l'issue de *2001, l'Odyssée de l'espace* que l'homme n'est pas seul dans l'univers, même si « l'autre » semble inconnaissable, les multiples protagonistes de *2001 Nights* sont confrontés sans échappatoire à la solitude glacée des espaces infinis. L'humanité en tant que telle est seule dans un univers parfois hostile, mais surtout très froid et désespérément vide, d'un vide oppressant. En plus de Michel Ange et du capitaine Kirk, c'est surtout Blaise Pascal qui est à nouveau appelé à la barre. Le regard émerveillé porté vers les étoiles se nuance ici aussi d'une crainte existentielle, d'une peur non plus de l'inconnu et de l'étranger, mais au contraire de son absence, du néant, fût-ce un néant peuplé de planètes étranges. Leurs merveilles ne suffisent pas à combler le besoin lancinant de rencontre, de trouver l'autre, de découvrir autre chose que notre simple reflet. Le ciel miroir ne suffit décidément plus, l'humanité n'en peut plus de se regarder dans la glace. Elle veut rencontrer quelqu'un d'autre qui soit son

Le récit bascule à l'occasion dans la métaphysique, avec la planète Géhenne qui finit par représenter l'enfer.

égal[62], et pas de simples animaux dénués de conscience. Elle veut échanger, confronter son regard. Mais s'il n'a personne là-haut, ce besoin se mue en frustration, puis graduellement en motif de désespoir.

Vers la même époque, la bande dessinée *Quasar*, de Chris Lamquet, pré-publiée dans *Le Journal de Spirou*, postule que la séparation physique entre Terriens et Orbitaux, entre ceux restés sur Terre et ceux qui sont partis pour l'espace, deviendra rapidement culturelle, puis politique, au point de devenir un gouffre infranchissable. Faute d'un « autre » par-delà les étoiles, nos propres frères ont tôt fait de devenir des étrangers. Et ils ne sont pas les seuls : les robots biologiques construits approximativement à notre image peuvent eux aussi aspirer à leur indépendance. Quant aux espèces animales et végétales, les nouvelles conditions peuvent les faire évoluer dans d'autres directions, au point qu'une simple pomme puisse devenir un être infiniment dangereux.

L'ESPRIT FIN DE SIÈCLE, MAIS EN AVANCE SUR SON TEMPS, OU EN RETARD, C'EST SELON

Les années 1980 sont pourtant la décennie où le *space opera* a fait un retour en force sur les étals des librairies, au point qu'A. E. Van Vogt et Isaac Asimov donnent des suites à leurs cycles les plus célèbres (*La Fin du Ā*, *Null-A Three*, 1984, *Fondation foudroyée*, *Foundation' s Edge*, 1982) et Orson Scott Card publie *La Stratégie Ender*

62 C'est un thème aussi ancien que l'écriture : il structure déjà les rapports entre Gilgamesh et Enkidu dans l'un des plus anciens récits dont l'humanité ait gardé trace.

(*Ender's Game*, 1985), qui relève très nettement d'une version actualisée du genre. Mais nous sommes bien ici dans le post *Star Wars*, dans du *space opera*, certes remis au goût du jour, dans une tentative de réactiver un imaginaire qui justement s'écarte du récit de cosmonaute usé par le réel. C'est aussi l'époque où la *fantasy* monte en puissance au point de devenir le phénomène éditorial qu'elle est aujourd'hui, et ce n'est peut-être pas un hasard : traditionnellement publiée dans des collections vouées au fantastique ou à la science-fiction, elle prend son indépendance et se retrouve dans des labels bien à elle, prenant de plus en plus de place dans les rayonnages.

Le désintérêt pour l'espace au tournant des années 1990 est patent quand on considère l'histoire de Sergueï Krikaliov, l'apatride de *Mir*. Parti en mai 1991 pour une mission de routine à bord de la station russe, il se porta volontaire pour rester à bord et continuer d'entretenir la station quand il s'avéra que plusieurs missions Soyouz ultérieures seraient annulées du fait de restrictions budgétaires. Il ne redescendra que près d'un an plus tard en ayant changé de nationalité au passage. De citoyen soviétique à son départ, il était devenu dans l'intervalle ressortissant de la Fédération de Russie, sans que, de l'orbite, il ait pu voir bouger les frontières au sol. Entre-temps, il n'y avait aucune autorité politique en bas susceptible de financer ou même de décider un tir de fusée pour le relever ; même les envois de ravitaillement par vaisseau automatique *Progress* étaient payés par la générosité internationale.

C'est de cette époque que date un très beau roman : *Le Printemps russe* (*Russian Spring*, Norman Spinrad, 1991). L'espace y est à nouveau une porte de sortie dans un monde où l'Amérique de Reagan a gagné la Guerre

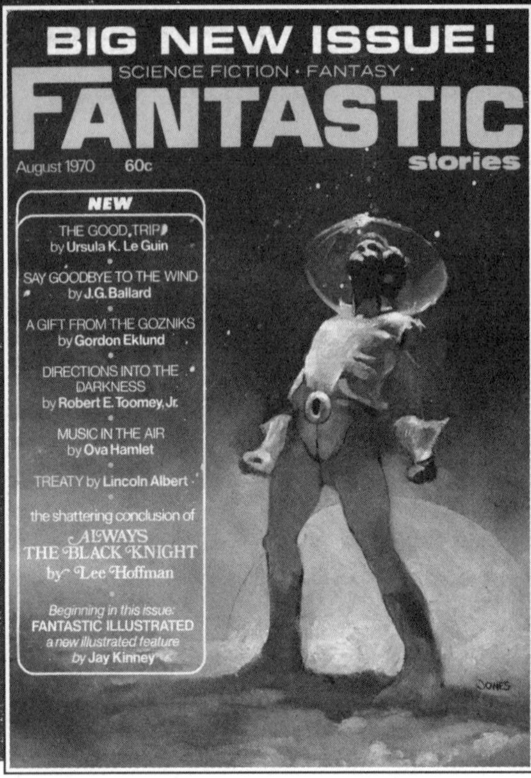

Jeff Jones, illustrateur plus connu pour ses travaux dans l'heroic fantasy, nous livre des héros de space opera pas si différents de ses Conan ou de ses Tarzan. La décennie qui donna *Star Wars* renvoie à des modèles issus des pulps.

froide, et où Gorbatchev mène à marche forcée la normalisation de l'Union Soviétique. Mais l'espace est surtout une soudure dans un monde qui dérape, un ultime moyen de réunir des hommes et des femmes déchirés par les tensions politiques terrestres. Car privés d'ennemi tutélaire, les États-Unis se retournent contre des puissances régionales du Tiers-Monde pour justifier ces crédits militaires qui permettent de maintenir le niveau de l'économie. Si le coup d'État de la fin 1991 rend obsolète ou uchronique toute la partie russe du récit de Spinrad, force est de constater que l'auteur a eu le nez creux en ce qui concerne le positionnement géopolitique de l'Amérique post Guerre froide[63]. Le dommage collatéral, dans l'affaire, aura été l'espace lui-même. Dans notre monde réel, *Mir* connaîtra une longue agonie qui finira par éclipser, dans l'esprit du public, l'exploit de longue haleine que constituait le maintien en orbite de ses 124 tonnes pendant 15 ans. Elle ne se survit plus, de nos jours, que par le module *Zvezda*, seul composant achevé de la station *Mir 2* prévue pour le courant des années 1990, et intégré depuis à la section russe de l'*ISS*.

Les préoccupations ont changé, et il n'est pas anodin que le grand film spatial des années 1990 ne soit pas une œuvre de science-fiction, mais la reconstitution méticuleuse du vol *Apollo 13* avec Tom Hanks dans le rôle de l'astronaute Jim Lovell. Le film de Ron Howard[64] est un pur thriller à grand spectacle, distillant ce qu'il faut de pathos pour accrocher le grand public. Et il est dominé par le problème du retour des astronautes, qui savent que la Lune leur est à présent interdite. « *Bring the boys back home* », comme on disait déjà à l'époque de la guerre du Vietnam.

Dans *Event Horizon* (Paul W.S. Anderson, 1997), le système de distorsion de l'espace-temps censé permettre au vaisseau d'accéder à des vitesses transluminiques est également une porte vers un ailleurs tellement autre qu'il ne peut être décrit que comme étant l'enfer,

63 On peut lire *Le Printemps Russe* en parallèle d'un roman de Kim Stanley Robinson, *La Côte dorée* (*The Gold Coast*, 1988) qui creuse aussi cette dépendance croissante de l'économie américaine à ses industries de l'armement, et donc à la mise en œuvre régulière des armes.

64 Les mauvaises langues diront « le seul bon film de Ron Howard ». Mais ce sont des mauvaises langues, justement.

conduisant à la folie les membres de l'expédition de secours. Et de plus en plus, les films montrent que l'injonction de rappel des troupes est difficile à appliquer à ces distances. L'homme qui part si loin semble implicitement considéré comme perdu pour la cause : à la moindre anicroche, il pourra dire adieu à toute chance de revenir. « *Ô combien de marins, combien de capitaines, qui sont partis joyeux pour des courses lointaines, dans ce morne horizon se sont évanouis !* » disait déjà en son temps l'oncle Totor.

Dans le *Supernova* de Walter Hill (2000), leur voyage, en plus de risquer de les détruire, met même en péril la structure de l'univers. Il nous renvoie ainsi directement au mythe de Phaéton.

Ce côté film catastrophe est au cœur d'*Armageddon* (1998), soufflé démesuré, dans lequel la citation visuelle à *L'Étoffe des Héros* n'arrive pas à masquer le vide intersidéral du récit et de personnages tellement schématiques que le scénariste n'arrive même pas à les développer ou a les faire évoluer, et se contente donc de les ré-exposer toutes les quinze minutes. Pour le reste, tous les clichés sont convoqués, y compris le sacrifice héroïque du chef de l'équipe de foreurs envoyée faire sauter un astéroïde tueur. Les ouvriers posés en figure héroïque, les mécanos d'*Alien* enfin devenus sauveurs cosmiques, cette idée aurait pu faire un film magnifique et heinleinien. Sauf que le réalisateur s'appelle Michael Bay, chez qui le grand n'importe quoi a été érigé en mode de fonctionnement de base.

Beaucoup plus digne dans le genre, il y a *Space Cowboys* (Clint Eastwood, 2000), qui emploie nombre de ressorts dramatiques similaires à ceux d'*Armageddon* (menace catastrophique, réunion et entraînement d'un équipage improbable pour une mission spatiale de la dernière chance, sacrifice héroïque) mais s'inscrit nettement plus dans une séquence, et plus précisément dans une fin de séquence. La référence à *L'Étoffe des héros* est là aussi, elle est même devenue le cliché du genre tout entier, mais elle est ici pleinement vécue comme une référence à un passé révolu. Les astronautes sauveurs sont des anciens des programmes spatiaux, des vieillards qui ont loupé le coche *Mercury* mais avaient été entraînés en 1958 pour des missions spatiales militaires, avant l'annulation des programmes de l'Air Force. La récupération d'un satellite aussi soviétique qu'antique, et accessoirement devenu fou, conduit la NASA à les rappeler pour ce qui deviendra leur baroud d'honneur. Deux ans après le retour sur orbite de John Glenn dans une mission de la navette *Discovery*, *Space Cowboys* est l'occasion d'un constat amer : les héros universellement respectés de *Mercury* ou d'*Apollo* sont à présent des vieillards. Les cosmonautes qui les ont remplacés sont anonymes ou peu s'en faut. Ils sont trop nombreux, et leurs exploits sont avant tout techniques. La génération des pionniers a rejoint les anciens combattants des deux guerres mondiales pour devenir une autre catégorie de papys médaillés. La banalisation de la conquête spatiale est ainsi devenue patente.

Mais de toute façon, si l'espace n'est plus une préoccupation majeure dans un monde devenu unipolaire, c'est bien parce que la course à l'espace n'y a plus de sens. Ce sont les grands pays émergents qui ont intérêt à la relancer et la Chine s'y est attelée avec une technologie dérivée du *Soyouz* russe. Ses taïkonautes sont peu nombreux et les tirs sont espacés, mais ils valident peu à peu un programme plus ambitieux qu'il n'y paraît. Le lancement de modules *Tiangong* (« palais céleste »), sur un concept de récupération de réservoirs analogues à celui du *Skylab* des années 1970 démontre que l'Empire du Milieu sera en mesure d'occuper l'orbite de façon permanente au moment où l'*ISS* sera censée être abandonnée. Derrière, la Lune est dans la ligne de mire, avec plusieurs succès d'atterrisseurs et un plan pour l'établissement d'une base permanente, marchepied d'une future expédition vers Mars planifiée pour les alentours de 2040 ou 2050.

L'Inde, grand rival régional et maître d'œuvre d'un programme spatial bien à elle n'a pour l'instant aucune réalisation notable dans le domaine des vols habités, pas plus que le Japon.

La soute énorme est la grande force de la navette. Telle un camion de livraison, elle peut facilement déposer en orbite satellites ou éléments de station orbitale.

Mars, et ça repart

À l'aube des années 2000, le cinéma se tourne encore une fois vers les cieux et concentre plus spécifiquement son attention sur la planète rouge, à laquelle la NASA est en train de consacrer plusieurs programmes d'exploration robotisée. Ce sont trois films qui sortent sur une période d'un an, expression de ce synchronisme cannibale dont Hollywood a le secret. Le 11 septembre n'a pas encore phagocyté tous les budgets américains, la navette Columbia n'a pas encore explosé à la rentrée dans l'atmosphère, et l'on peut donc à nouveau rêver d'exploration spatiale, au moins pour un temps, avec des résultats contrastés.

La langue française manque de termes péjoratifs permettant d'exactement qualifier et quantifier le désastre que représente *Mission to Mars* (Brian de Palma, 2000). Inspiré d'une attraction de Disneyland, comme plus tard la licence *Pirates of the Carribeans*, le film souffre de cette origine, et d'avoir été écrit par le scénariste de *Wild Wild West*, sorti deux ans auparavant. Le réalisateur, de son côté, semble mû par la volonté d'être Kubrick à la place de Kubrick, comme il avait auparavant tenté d'être Hitchcock à la place de Hitchcock, tout en prétendant dépasser et contourner les clichés et les limitations du genre. Et à l'arrivée, comme à chaque fois qu'un auteur prétend dépasser ce type de clichés sans tenter de comprendre les mécanismes qui les ont imposés, on obtient une sorte de soufflé creux. L'esthétique *2001* se retrouve plombée par une photographie criarde et la fin du récit est dévorée toute crue par une révélation cosmique à l'anthropocentrisme très légèrement nauséabond[65], à

65 Dont les designs sont dus de surcroît à un directeur artistique qui n'a visiblement aucune idée de ce à quoi ressemble un chromosome, ni du temps qu'il faudrait pour transmettre acoustiquement le séquençage ADN de l'espèce humaine. Mais passons.

l'opposé de ce que proposaient Clarke et Kubrick. Le film se paye même le luxe de rendre Gary Sinise absolument ridicule en explorateur émerveillé par la profondeur de ce qu'il découvre. Question clichés, on a tous ceux des théories d'*intelligent design* chères aux fondamentalistes américains, en prime à du placement produit pas fin et à des acteurs semblant incapables de croire à leurs décors pourtant génériques et balisés. C'est d'autant plus dommage que le scénario prodigue de beaux enjeux humains.

Sorti vers la même époque et éclipsé par le film de De Palma, *Planète rouge* (*Red Planet*, Antony Hoffman, 2000) souffre certes de divers défauts, dont l'introduction en voix *off* ajoutée par la production[66] n'est pas le moindre. Pourtant, ce film mésestimé bénéficie d'un casting intéressant[67] et surtout de belles qualités formelles. Un soin méticuleux est apporté au design technologique et à la photographie des grands espaces martiens. Si l'aspect écologique tient du prétexte, du McGuffin, le récit parvient à faire ressentir la solitude totale d'êtres humains en perdition, isolés à des millions de kilomètres des plus proches de leurs congénères, à en exacerber l'humaine condition, à rendre palpable ce silence éternel des espaces infinis qui effrayait déjà Pascal en son temps. *Red Planet* n'est ni très inventif dans sa structure, ni très original dans ses enjeux, mais ce film parvient parfois à toucher du doigt la vérité de l'aventure spatiale, cette confrontation à un espace dans lequel l'homme n'est pas

---

66 Le cas s'était déjà présenté sur le *Dark City* d'Alex Proyas, dont la version américaine était précédée d'un monologue qui en révélait déjà les rouages, de peur que le public ne fasse pas l'effort de comprendre le cheminement tortueux des personnages. C'est dommage de voir les producteurs mépriser leur public au point d'ôter tout sens à ce qu'ils produisent.

67 D'accord, il y a Val Kilmer. Mais si vous ne considérez pas que la présence de Terrence Stamp n'est pas un bon point pour n'importe quel film, reposez tout de suite ce livre, non mais.

le bienvenu, dans lequel il peut très vite se perdre corps et âme, et se retrouver seul face à un ciel vide.

Troisième larron de notre « trilogie martienne », *Ghosts of Mars* (John Carpenter, 2001) a à peine sa place dans notre énumération. On n'est plus dans l'aventure spatiale au sens propre, mais dans un western horrifique, un film d'action empruntant aux codes des films de zombies. Il est situé sur la planète rouge, mais c'est une planète rouge en cours de colonisation, une Frontière à l'ancienne. Le récit reprend l'idée de lourd secret porté par ce monde ancien, mais s'oriente rapidement vers la course poursuite, convoque l'équivalent martien du vieux cimetière indien qui fout le bazar chez les braves gens ayant eu le malheur de construire leur villa/hôtel de luxe/centre commercial au-dessus, et bien entendu nous présente le siège du fortin par les peaux rouges, qui sont ici des visages très pâles, mais portent néanmoins des peintures de guerre. On en revient à l'essence *pulp* du *space opera*, au western planétaire comme au meilleur temps d'Edmond Hamilton ou E. E. Doc Smith ou, plus récemment, d'*Outland*.

Trois films racontant l'homme sur Mars, trois visions différentes et peut-être même opposées et qui semblent, malgré les programmes de type Mars 2030 proposés par l'administration américaine et qu'on ne voit guère avancer, condamnés à rester de la science-fiction.

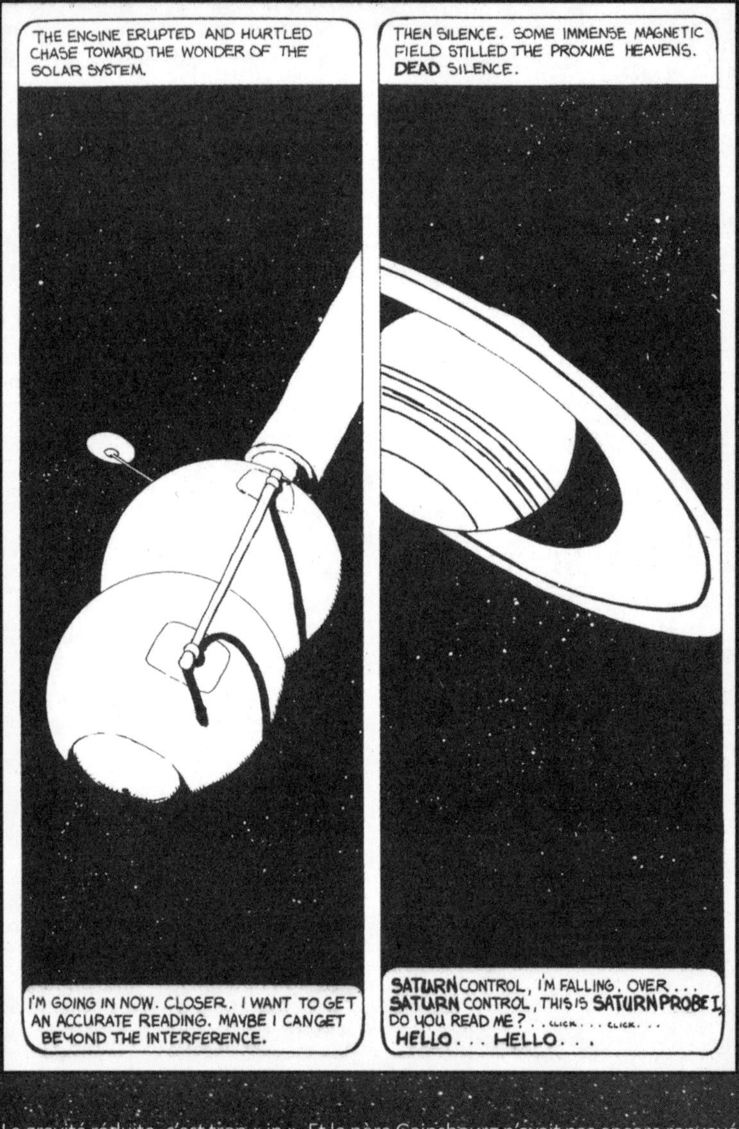

La gravité réduite, c'est trop « in ». Et le père Gainsbourg n'avait pas encore renvoyé Barbarella « à sa science-fiction ».

CHAPITRE 6 : L'ADIEU AUX ÉTOILES ?

« Nous pouvons arriver à vaincre la pesanteur, pas la paperasserie. »
Wernher von Braun

L'an 2000, date mythique qui, pendant toute une partie du XXe siècle, fut synonyme de réalisation d'un futur. Plus de deux décennies plus tard, ce futur a plutôt une vilaine allure de lendemains qui déchantent. Le grand soir technologique n'a pas eu lieu, ou pas de la façon prévue, et le tourisme spatial reste un sport d'ultra-riches. Pire encore, cet avenir s'est accompagné de repolarisations du monde qui ont achevé d'appauvrir les imaginaires collectifs. Aux grandes lignes de force des années 1950 et 1960, à ces duels héroïques où pilotes et techniciens des deux Blocs rivalisaient pour aller plus haut, plus loin, plus vite et plus fort, on a substitué un choc asymétrique des civilisations, dans lequel les puissances technologiques sont mises en difficulté par des nations beaucoup moins développées, voire par des organisations transnationales se battant avec des moyens frustes mais redoutablement efficaces. Plus que le 1er janvier 2000, le 11 septembre 2001 a marqué le tournant du siècle et soldé les anciennes façons de concevoir la puissance.

Tout le travail de sape mené au nom du réalisme par des gens qui ont combattu le communisme mais empruntent pourtant sans la moindre espèce de vergogne à Staline son approche « plus près de la vie » a fini par payer : plus que jamais, être un « rêveur » est considéré comme une déviance perverse.

Parallèlement, la contestation remet aussi en cause l'imaginaire des générations précédentes. Prenant au pied de la lettre le scénario de *Capricorn One*, plusieurs théoriciens du complot accusent la NASA d'avoir mis en scène en studio le débarquement sur la Lune de Neil Armstrong. Et passent assez vite sur le fait que plusieurs autres missions lunaires (dont une ratée) ont eu lieu par la suite.

Opération Lune (William Karel, 2000) tentera de brocarder cette tendance en en mettant en scène les arguments dans un faux documentaire destiné à démontrer le pouvoir des images et la façon de les manipuler. Entre interviews bidons et authentiques entretiens remontés juste comme il faut et accompagnés d'un commentaire en orientant la perception, Karel réussit à faire croire aux thèses les plus farfelues, au point qu'il est obligé de glisser régulièrement des indices montrant le côté fictif de l'exercice. Histoire d'enfoncer le clou, le film est même diffusé un premier avril. Mais c'est peine perdue : le grand public ne

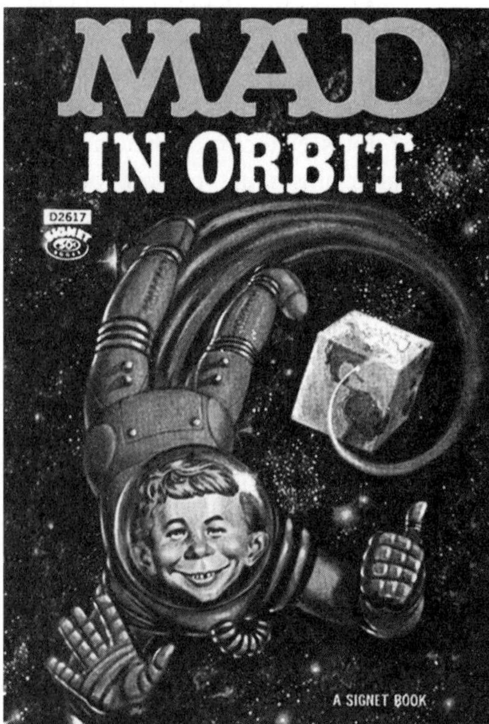

Il nous aura décidément tout fait, le petit Alfred E. Neuman.

repère pas forcément les subtils renvois à *L'Homme qui en savait trop* de Hitchcock ou à la filmographie de Stanley Kubrick, accusé d'avoir mis en boîte la mission de Neil Armstrong en échange de divers services, et nombre de spectateurs croient dur comme fer avoir regardé un documentaire normal. Trop subtile, la manipulation à laquelle se livre Karel se retourne contre son auteur et il n'est pas compris, ou pas assez. Dommage, car en plus d'être une démonstration de la façon dont on peut dont un montage habile peut changer tout le sens d'une interview, le documentaire est très drôle, d'un humour grinçant et mauvais esprit tout à fait réjouissant.

La décennie 2000 souffre par-dessus tout du vieillissement des programmes spatiaux. La conception de *Soyouz* remonte aux années 1960 et le système n'évolue qu'à la marge, au rythme des avancées de l'électronique et de l'informatique. La navette américaine est pour sa part victime de l'accident de trop avec l'explosion au moment de la rentrée dans l'atmosphère de la navette *Columbia*, suite à un impact ayant descellé une des tuiles du bouclier thermique. Si le programme est prolongé encore quelques années, il est fortement critiqué, puis finalement abandonné.

Mais le programme navette, réputé pour être très cher, n'aura en définitive coûté que la moitié du programme lunaire, et aura duré trois fois plus longtemps[68]. Et sans lui, l'Amérique dépend des *Soyouz* russes faute d'un successeur à *Columbia* et à ses sœurs.

Cette dépendance n'est même pas le plus gros problème qui se pose : la disparition de la navette, c'est

68 Et la Navette aura mis en orbite des satellites commerciaux, et donc rapporté de l'argent à l'occasion, contrairement à Apollo. Ses détracteurs feignent de l'oublier.

aussi la fin de la possibilité de ramener au sol de gros éléments du mécano spatial, satellites, laboratoires ou sections de station. C'est l'incapacité à envoyer plus de trois hommes par vol. Les nouvelles capsules *Dragon Crew* et *Starliner*, développées par des sociétés privées ou *Orion*, mise au point par la NASA en reprenant les concepts des capsules *Apollo*, ont mis beaucoup de temps avant de remplacer le vieux Soyouz de conception soviétique.

Les héros de *Mercury* et d'*Apollo*, ceux qui ont survécu jusque-là, tout au moins, sont des vieillards. Les anciens systèmes permettant de rallier l'orbite vieillissent eux aussi. Et le vol spatial semble être de plus en plus une chose du passé, l'imaginaire qui lui est lié semble vieillir lui aussi peu à peu.

DU BUZZ SUR LA LIGNE

Dans la trilogie *Toy Story* (John Lasseter, 1995, 1999 et 2010), Buzz l'éclair (Buzz Lightyear en VO[69]) est un archétype de héros spatial issu des *pulps* et des *strips* qui se retrouve à prendre symboliquement la place d'un héros issu de la tradition western, Woody le cow-boy. Ce sont tous les deux des jouets, des figurines articulées vivant dans la chambre d'un petit garçon, des supports d'imaginaire. Woody était le jouet préféré, presque le « doudou », mais l'arrivée de Buzz met en péril ce prestigieux statut.

69 La version française, en s'écartant de la version originale, appuie habilement sur cette filiation : Flash Gordon s'est longtemps appelé Guy l'éclair sous nos latitudes. Notons au passage que le surnom « Buzz » est aussi un renvoi aux surnoms *punchy* des héros de *strips*, comme Anthony « Buck » Rogers, et aussi une référence directe à Edwin Aldrin, deuxième homme sur la Lune, surnommé Buzz par ses petits camarades.

La gravité réduite, c'est trop « in ». Et le père Gainsbourg n'avait pas encore renvoyé Barbarella « à sa science-fiction ».

Pourtant, ces deux héros d'abord rivaux se retrouvent à faire cause commune et à surmonter leurs différences pour devenir des camarades : des amis, et ce dans la plus pure tradition du *buddy movie*. Mais à l'issue de la série, ce sont ces deux univers de fiction qui se retrouvent déclassés à mesure que grandit le propriétaire des jouets. Nos héros sont lentement oubliés et mis au rencard ou pire, renvoyés au statut de pièces de musée, d'objet de collection. Seule la transmission des icônes à de jeunes générations permet de les sauver.

C'est de ce point de vue une morale étrange qui ressort des *Toy Story*. L'imaginaire est un indispensable moyen de se construire, mais on a facilement tendance à l'anesthésier à mesure que l'on grandit et que l'on se confronte aux froides réalités du monde des adultes. En grandissant, on ne devient pas cow-boy ou cosmonaute, on devient médecin, ou avocat ou mieux encore : cadre à cravate dans une grande multinationale, toutes professions frappées au coin d'un réalisme de bon aloi.

L'imaginaire, dans cette logique, est bon pour les enfants. Et devenir adulte, c'est arriver à le mettre de côté, à lui faire perdre sa primauté. En cela, la trilogie *Toy Story* est curieusement emblématique de notre époque. Si elle n'hésite jamais à mettre en avant d'icônes de l'imagination, elle les cantonne par principe à une étape de la vie, ou au monde du spectacle. Leur valeur exemplaire, leur valeur de modèle, est remplacée par leur seul aspect cathartique.

Ces permutations d'imaginaire que met en scène *Toy Story* sont cycliques dans la culture, et plus encore dans la culture de masse. Le cow-boy a supplanté le mousquetaire avant d'être lui-même éclipsé par l'aviateur ou le détective. La science-fiction purement spatiale est largement supplantée depuis vingt ans par la *fantasy* en termes de ventes de livres, d'audiences à la télé ou de box office au cinéma : l'imaginaire actuel ne se concentre plus que sporadiquement sur l'exploit scientifique en tant que tel et trouver la vie, poser des robots sur des mondes, c'est devenu un plaisir d'intellectuels qui ne fait pas rêver les spectateurs de la coupe du monde ou de la téléréalité. Seule la science pure échappe encore un peu à la logique économique stérilisante, elle est la seule qui peut encore envoyer des gens là-haut, mais elle doit batailler ferme pour justifier ses budgets, et la NASA peine à assurer le spectacle. Le télescope spatial Hubble aura été prolongé dans ce seul but, produire des photographies toujours plus spectaculaires de nébuleuses et de galaxies lointaines, très lointaines, pour montrer au grand public que la recherche avance, alors qu'elle avance justement davantage grâce aux radiotélescopes et aux sondes gamma, qui renseignent beaucoup plus sur la nature de l'univers lointain, mais ne produisent guère d'iconographie susceptible de frapper l'imaginaire.

Dans l'espace, personne ne vous entendra rigoler

Comme de juste, tout phénomène culturel engendre tôt ou tard sa propre satire. On se souvient que l'obsession du vrai engendra *L'Histoire véritable* de Lucien de Samosate, qui la tournait en dérision, inventant au passage, et presque par inadvertance, le récit de voyage interplanétaire. Les utopistes comme Cyrano et Swift n'hésitent pas à adopter un ton grinçant, car ces voyages célestes ne sont pas affaire de gens sérieux, ils frappent d'irréalité le récit, ils en font une fable.

Ce courant « humoristique » ne disparaîtra jamais totalement. Il faut relire le début de *De la Terre à la Lune* pour voir à quel point Jules Verne moque les vieux artilleurs décatis de son *Gun Club*. Le narrateur des *Premiers hommes dans la Lune* de Wells a de son côté le plus grand mal à prendre au sérieux les doctes explications du professeur Cavor.

Les films spatiaux de Méliès font la part belle à la *fantasy*, tout comme le *Voyage vers Mars* (*Trip to Mars*, 1924) dans lequel l'animateur de dessins animés Max Fleischer[70] rencontre Koko le clown sur la planète rouge.

Même au plus fort du programme Mercury, quand l'honneur national est en jeu, l'humoriste Bill Dana crée le personnage de Jose Jimenez, l'astronaute mexicain et pétochard, qui tourne en dérision scaphandres et fusées.

---

70. Quand il n'était pas occupé à animer les aventures de Koko, de Betty Boop ou de Popeye, Fleischer était tout à fait capable de garder son sérieux, comme le démontre le court métrage qu'il réalisa en 1923 pour exposer au grand public la Relativité d'Einstein.

Astronauta Pereira est peut-être le cousin de Jose Jimenez, puisqu'il est le premier astronaute brésilien. Ce héros d'une très populaire bande dessinée destinée à la jeunesse des années 1960, *O Astronauta*, par Mauricio de Sousa. Il explore l'univers et ses mystères, dans une atmosphère colorée et bon enfant[71].

En Pologne, Stanislas Lem, l'auteur de Solaris, n'hésite pas à renouer dans les années 1970 avec la veine satirique dans le cycle des récits consacrés à Ijon Tichy. Si ce dernier n'est pas qu'un explorateur de l'univers (il navigue avec morgue dans tous les thèmes de la science-fiction, voyages temporels, ordinateurs géants, etc.) il lui arrive de parcourir l'espace interplanétaire avec tous les incidents de parcours, phénomènes étranges et populations extraterrestres aux coutumes incompréhensibles qu'on peut imaginer. Ces confrontations goguenardes sont bien entendu pour l'auteur un moyen de brocarder l'absurdité bureaucratique de son univers quotidien et la courte vue de ses contemporains. Tichy se comporte la plupart du temps comme un touriste imbu de lui-même et de ses propres préconceptions.

En 1974, c'est en passager clandestin et involontaire que le professeur Minet, de la Sorbonne, atteint la Lune. Ce personnage gaffeur est accompagné de sa petite protégée, l'espiègle Lili, héroïne crée en 1909 et qui a su évoluer avec son temps. Ou presque, puisqu'en 1974, elle ressemble trait pour trait à une étudiante délurée juste ce qu'il faut de la décennie précédente. Dans *Lili dans la Lune*, Paulette Blonay et Al. G. n'hésitent pas à décrire en détail la fusée *Gallia 1*, conforme autant que possible aux appareils de la NASA, brocardant au passage l'obsession américaine du drapeau et de sa mise en

---

71 La réinvention récente du personnage par Danylo Beyruth dans l'album *Au Cœur du Magnetar* (*Astronauta : Magnetar*, 2009) est nettement plus noire et initiatique.

scène. Si l'ensemble se veut assez sérieusement documenté, le résultat reste conforme au l'ambiance générale de la série, avec même les commentaires aigres des cousines de St Herbu, et un centre spatial à Bécon les Fougères, quasiment le même qu'on retrouvera dans *Fantômette dans l'espace*[72] (Georges Chaulet, 1977).

Si la course à l'espace est une préoccupation majeure de l'incarnation cinématographique de James Bond, dès *Docteur No* (*Dr. No*, 1962) et que l'on voit brièvement l'espion de Sa Majesté en scaphandre dans *On ne vit que deux fois* (*You Only Live Twice*, 1967), il faut attendre la version parodique de Roger Moore et la folie *Star Wars* pour le voir se mettre sur orbite dans *Moonraker* (1979) et d'ailleurs tenter de s'y envoyer au septième ciel avec les sculpturales créatures dont il fait son ordinaire. Arrivé à ce stade, Bond n'est qu'un pantin, un prétexte, le McGuffin de son propre film, et l'on met en scène l'espace comme un passage obligé, une concession à un air du temps dont on s'amuse plus qu'autre chose.

Comme on pourrait s'en douter, la décennie suivante ne s'amuse plus des cosmonautes, elle les ignore. L'humour spatial, de nos jours, passe souvent plus par la réexploitation référentielle d'une imagerie iconique : on ne compte plus les scènes détournant *2001*, que ce soit dans le *Charlie et la Chocolaterie de Burton* ou dans *Bob l'éponge*, et les longs travelings sont une figure de style. Quant à la marche vers la caméra de *L'Étoffe des héros*, c'est devenu l'un des pires clichés, maintes fois détourné aussi, jusqu'à *Monstres et compagnie* (*Monster Inc.*, 2001).

Renvoyant aux fusées construites dans un coin de désert par de furieux passionnés, *La Grande excursion* (*A Grand Day Out*, Nick Park, 1989) raconte comment un homme et son chien, par manque de fromage, sont prêts à tout pour s'en procurer, y compris à le chercher

---

72 Qu'on créditera au passage du concept d'Astronautesse de l'air.

sur la Lune. La fusée de bois qu'ils construisent dans leur cave renvoie directement aux engins des années 1920, aux vaisseaux curieux d'*Himmelskibet* ou d'*Aelita*. Sauf que l'intérieur est meublé à l'anglaise, avec tout le confort souhaitable : bons fauteuils, napperons et paquets de *crackers* à volonté. Quatre ans plus tard, rentrés chez eux, nos héros se fourniront en pantalons (électroniques) dans les surplus de la NASA.

Ce pauvre James n'a probablement pas lu le texte de Pierre Boule sur l'amour et la pesanteur.

SOUS LES SATELLITES, LA PLAGE MAZOUTÉE

Frapper l'imaginaire, ce n'est en apparence pas le but de *Planètes* (*ΠΛΑΝΗΤΕΣ*, Yakoto Yukimura[73], 2001-04), un manga qui suit un équipage d'éboueurs de l'espace. En effet, la multiplication des débris spatiaux rend certaines orbites dangereuses. Si, à des vitesses de huit kilomètres par seconde, un éclat de peinture suffit à creuser un cratère de deux millimètres dans un hublot de navette, un boulon perdu peut transpercer un scaphandre, voire la coque d'une fusée. Dès le premier chapitre, le ton est donné : si Youri[74] se fait chasseur de déchets en orbite basse, c'est parce qu'il porte le deuil de sa femme morte dans une collision entre un vol commercial et un micro-débris.

Le récit s'attache aux aspects les plus humains de la vie dans l'espace : solitude et promiscuité mêlées, mais aussi maux divers qui affligent les cosmonautes. Les maladies des radiations sont largement évoquées, ainsi que les accidents de décompression, les crises psychotiques dues à l'isolement et la décalcification qui rend pénible le retour à la gravité, à tel point qu'un des personnages secondaires est condamné à rester sur la Lune ou en orbite jusqu'à la fin de ses jours, son corps ne pouvant espérer survivre à un retour sur Terre. Le traitement reste pourtant curieusement et agréablement léger s'attachant

73 Son œuvre marquante suivante, *Vinland Saga*, raconte elle-aussi l'exploration d'un environnement hostile : Terre Neuve au temps des Vikings.

74 Et non pas « Yuri » comme voudrait nous le faire croire la version française. Mais la notion de translittération semble définitivement échapper à certains traducteurs.

avec humour aux protagonistes et à leurs petits travers, à leurs peurs et à leurs obsessions. Mais il prend aussi le temps d'expliquer au passage des notions complexes liées au vol spatial, comme le Point de Lagrange ou les vents solaires. Le récit évoque aussi le concept de Syndrome de Kessler, la réaction en chaîne au cours de laquelle des débris spatiaux font exploser des satellites, qui génèrent à leur tour d'autres débris de façon exponentielle, une situation mise en images quelques années plus tard dans le film *Gravity* (Alfonso Cuaron, 2013).

Si, dans *Planètes*, l'on rencontre des cosmonautes de père en fils, à la vocation familiale comme on est boulanger ou militaire par tradition, c'est que l'on est en présence d'un espace banalisé depuis plusieurs décennies, dans lequel les pionniers ont cédé la place aux techniciens, mais dans lequel subsistent néanmoins des ouvertures vers la grande aventure et le *sense of wonder* : en plus des dangers et des tensions qui d'un coup montrent que l'espace n'est pas dompté et ne saurait l'être, on assiste aussi aux préparatifs d'une expédition vers Jupiter, rêve d'un des personnages, objectif de sa vie.

VIEILLES LUNES

Moon (Duncan Jones, 2009) est l'illustration de la désaffection des décideurs envers l'espace. L'exploiter, oui. Mais en mettant l'accent sur la notion d'exploitation. Le film raconte le graduel voyage vers la folie de Sam Bell (joué par Sam Rockwell), travailleur solitaire occupant une base lunaire. Il combat à lui tout seul la crise énergétique qui frappe la terre en extrayant l'hélium-3 du sol de notre satellite. Une tâche ingrate, mécanique, qui le conduit à compter les jours le séparant de la fin de son contrat. Mais un incident l'amènera à prendre conscience du mépris abyssal dans lequel le tiennent ses employeurs qui l'ont totalement chosifié, réduit à une variable comptable, à une pièce interchangeable de leur mécanique.

L'esthétique du film emprunte délibérément à *2001* et à *Silent Running*, mais en y ajoutant une épaisse couche de crasse et de graffiti, en montrant la face cachée, moins reluisante, de ces univers qui se voulaient aseptisés et qui vieillissent eux aussi.

Sorti au plus fort de la crise économique dite des *subprimes*, *Moon* est l'expression claire et nette d'un ras-le-bol, d'une désillusion, et de la façon dont l'ordre établi retombe toujours, hélas, sur ses pieds en instrumentalisant des rêves de plus en plus terre-à-terre, et en disqualifiant toute contestation grâce à des armées d'avocats. La dernière réplique du film est de ce point de vue tout à fait dans le ton, tout à fait grinçante. Et la solitude du travailleur montre le chemin parcouru depuis *Alien* : alors que les mécanos et pilotes du *Nostromo* pouvaient faire corps et se montrer solidaires dans l'adversité, même et surtout quand cette adversité provenait de la compagnie leur signant leur chèque à la fin du mois, l'antihéros de *Moon* est seul. Il ne peut se tourner que vers lui-même. Il est le fils spirituel du Major Tom flottant dans sa capsule tout comme Duncan Jones, le réalisateur, est le fils de David Bowie. Mais la solitude de Sam est bien plus démesurée encore, du fait de la trahison qu'il subit.

Sam n'est même plus David face à Goliath, il est la fourmi sur la sandale du géant. Le récit spatial a toujours eu, on l'a vu une dimension métaphorique. De ce point de vue, *Moon* est la métaphore de notre monde du XXIe siècle et de la déconnexion croissante entre travail et capital, de la grande lessive subie par les acquis sociaux, et de la chosification que les élites font subir au secteur primaire, celui de la production de base, sans lequel le reste de toute société ne saurait fonctionner.

Ce rapport conflictuel entre les gens qui vont faire le boulot sur le terrain et le monde des affaires (financières, politiques, militaires) qui leur donne leurs ordres est au cœur d'*Avatar* (James Cameron, 2009). Cette superproduction démesurée a une réputation de film consensuel et peu original. Alors que paradoxalement, et malgré un scénario effectivement vu et revu, elle est à contre-courant de son époque. Si les scènes impliquant les humains se déroulent dans des décors de science-fiction relativement génériques à base de coursives métalliques, de laboratoires équipés d'ordinateurs tactiles dernier cri et de bases militaires alignant exosquelettes et mitrailleuses lourdes, toutes les séquences impliquant la jungle et les indigènes de Pandora sont conçues dans une optique de pur *sense of wonder*, d'émerveillement brut face à un monde étranger, aux décors insolites et grandioses.

D'accord, la jungle est dangereuse. Oui, la jungle tue. Tout le monde en convient, la planète Pandora, quoique gorgée de ressources, est inhospitalière pour l'homme. Mais on peut dompter cette nature sauvage à condition d'en accepter les risques et d'essayer de la comprendre.

La logique du film est celle du dépassement de soi. Pas de façon purement physique et dans des conditions contrôlées, pas dans un esprit de performance, on n'est pas aux Jeux Olympiques, mais à tous les niveaux et en conditions réelles. Celui qui affronte Pandora doit faire éclater tous ses cadres habituels, toutes ses idées préconçues, et se mettre au diapason de l'autre et du contexte qui l'a créé. En pleine montée des communautarismes et des replis identitaires et idéologiques, ce discours, même assené de façon peu fine, est rafraîchissant. Le fait qu'il soit appuyé par une Sigourney Weaver la clope au bec, dans une variation musclée de son rôle de Diane Fossey, est un gentil bras d'honneur adressé aux hygiénistes de tout poil, qui l'ont d'ailleurs reçu comme tel. Et d'autant mieux reçu que le film a battu tous les records au *box-office*, montrant qu'il y a peut-être de l'espoir en ce qui concerne la capacité à rêver de nos contemporains.

À l'opposé, *Prometheus* (Ridley Scott, 2012) est représentatif des pires travers de notre époque et de ses pires replis. S'il part dans les mêmes directions que *Mission to Mars* en ce qui concerne le sous-texte tentant de philosopher sur la nature de l'homme, et qu'il nous renvoie donc à des théories d'*intelligent design* mâtinées d'un soucoupisme de bas étage que n'aurait pas renié von Däniken, ce vrai faux prologue à *Alien* présente une petite troupe de spécialistes triés sur le volet qui s'avèrent quasiment invariablement, une fois mis au pied du mur, être de dangereux imbéciles ou de sinistres incompétents[75]. Si le public peut tout à fait négliger les risques de contamination microbienne dans ce genre de film, habitué qu'il est aux débarquements sans précaution dans *Star Trek* ou *Star Wars*, *Prometheus* se place d'emblée sur le terrain de la réflexion sur la nature de l'homme,

75 C'était déjà le cas dans *Sunshine* (Danny Boyle, 2007), d'ailleurs : la mission désespérée est menée par des gens désespérants. La métaphore icarienne lourdement martelée, mais les coups tombent à côté de la plaque : Icare ne cherche à sauver personne en dehors de lui-même, et échoue. Les membre d'équipage de l'*Icarus 2* cherchent à sauver la planète et leurs prédécesseurs, et réussissent, au prix de leur vie. L'image christique a envahi toute la fiction.

montrant même un brin d'ADN dans sa séquence d'ouverture. Mais les grands professionnels recrutés par M. Weyland, ces scientifiques dont on nous a assuré de l'intelligence et des compétences hors normes, une fois débarqués sur un monde hostile, tombent le casque dès que l'atmosphère leur semble respirable.

Ce qui pourrait passer pour une convention de style (il est plus facile de filmer un acteur sans casque, après tout) pose ici un sérieux problème : il y a contamination quelques minutes après, pile au moment où cela permet un rebondissement du récit, et après que l'ordinateur de bord, d'un modèle très cher, ait assuré qu'il n'y avait aucun danger. Dans *Alien*, censé être la suite, les règles de quarantaine font au moins l'objet d'un vrai débat, et d'un débat manipulé qui plus est. Ici, non, rien de tel. Juste une inconséquence et une irresponsabilité crasses des personnages, ou l'incurie d'un scénariste.

Le problème n'est pas ici que le film soit idiot, l'histoire du cinéma est pleine de films idiots qui s'avèrent fort distrayants. *Prometheus*, de son côté, est un film idiot qui se donne comme profond, intelligent et philosophique, et ce n'est pas tout à fait la même chose, hélas.

Le face à face entre le créateur et sa créature s'est passablement inversé, depuis Blade Runner.

Cela aurait dû l'empêcher de recourir à de tels expédients, à de telles ficelles complètement hors de propos.

Ailleurs, en Russie, l'on tourne des films bien différents *Baïkonour* (Velt Helmer, 2011) est un étrange récit renvoyant à sa façon aux cimetières spatiaux de J.G. Ballard. Au Kazakhstan, une communauté villageoise vit du ramassage de débris tombés des fusées lancées de la base de Baïkonour toute proche. Mais le jour où l'un de ces débris est une belle cosmonaute aussi française qu'amnésique, la règle ancestrale du « je l'ai trouvé, c'est à moi » commence à poser problème. En creux, le film pose la question de l'énorme technostructure que présupposent les tirs vers l'orbite, et la façon dont elle n'est perçue par les gens « d'en bas » que par le petit bout de la lorgnette.

L'ARC-EN-CIEL DE LA GRAVITÉ

De façon quasi unanime, la critique a consacré *Gravity* comme étant « le nouveau *2001* ». C'est une fois encore l'illustration de cette façon un peu moutonnière qu'a la critique de ne jamais tout ramener qu'à un seul modèle conçu comme paradigmatique[76]. *2001* est le film spatial ultime ? Tout sera donc ramené à *2001*, comme tout film d'horreur spatiale sera comparé à *Alien* et tout film post-apocalyptique à *Mad Max*. C'est d'ailleurs un signe inquiétant qu'on ne retrouve pas, ou peu, avec la comédie romantique ou le polar. Faute d'œuvres

76 Oui, je sais, c'est précisément ce que je faisais en évoquant *Kooyanisqatsi* et plusieurs autres films des années 1970 et 1980. Mais j'avais de très bonnes raisons de le faire à ce moment-là, moi.

réussissant à marquer aussi bien le grand public que les créateurs de façon régulière et variée, la perception du genre spatial semble condamnée à ne jamais sortir de son modèle exemplaire.

Certes, à l'appui de cette comparaison, Cuaron a parfaitement compris la spatialisation particulière du film de Kubrick et joue en orfèvre des contrastes entre le surconfinement des installations et des combinaisons spatiales et l'ouverture absolue vers l'espace extérieur hostile. Ici aussi, le souffle de l'astronaute engoncé dans sa malcommode armure pressurisée devient un indicateur de son état d'esprit et de son infinie solitude, la mise en scène s'ingéniant à passer avec fluidité et sans solution de continuité de l'intérieur du scaphandre à l'espace libre, la respiration oppressée devenant un indicateur, un marqueur du point de vue.

Mais s'il y a une comparaison à faire entre les deux films, elle est pourtant en contre d'un bout à l'autre. *Gravity* est un film tendu à l'extrême, basé sur une mécanique de *thriller*, là où même la mort, dans *2001*, était traitée d'une façon froide et distante. *2001* est un récit de conquête des étoiles, d'abandon graduel des contingences bassement terrestres pour sortir du « berceau » tel que le concevait Tsiolkovski, un dépassement ultime de la condition humaine et de ses catégories mesquines, quand *Gravity* pose qu'on n'échappe jamais aux distinctions purement terre-à-terre. Quand elle est amenée à piloter une capsule dont les touches sont ornées d'idéogrammes chinois illisibles pour elle, Stone se retrouve de fait confrontée aux limites politiques et linguistiques d'une planète qui pourtant, vue de là où elle se tient, semble d'un seul tenant.

Mais la différence fondamentale, c'est qu'elle ne cherche pas un seul instant à atteindre les étoiles. Elle n'a

Illustration ultime de cette « pulsion du retour » : Felix Baumgartner, sponsorisé par un dopant pour fêtards, bat tous les records en plongeant vers la terre à la vitesse du son.

tenté d'échapper à la Terre que pour mieux y retourner. Seule la mort l'attend en là-haut. La mort, et les débris d'ambitieux programmes spatiaux transformés en météorites, renvoyés littéralement à l'âge de pierre et qui rendront l'orbite basse impraticable pour des décennies. Sur ce point-là aussi, *Gravity* parcourt le chemin exactement inverse de celui que débroussaillait *2001*. Il est sans doute symptomatique qu'il soit si vite devenu le film spatial de référence de la décennie 2010.

D'une certaine façon, *Gravity* ne peut pas être vu comme un nouveau *2001*, mais représente l'aboutissement de la tendance « film catastrophe » représentée précédemment par *Les Naufragés de l'espace*, *Armageddon* ou, d'une certaine manière, *Sunshine*. Il présente un sujet en négatif, la simple survie à des conditions contraires, alors que *2001*, malgré les avanies supportées par l'équipage du *Discovery*, a un propos positif : la découverte de l'inconnu et l'extension de l'univers humain.

Le film de Cuaron se termine par l'image d'un retour à la Terre qui est aussi une renaissance pour la protagoniste. Mais c'est une renaissance qui renvoie directement à ce berceau de l'humanité que Tsiolkovski se proposait justement de quitter. La boucle est bouclée, mais du coup c'est l'humanité tout entière qui court le risque de tourner en rond. Comme Stone, qui est retombée comme une pierre.

L'approche catastrophiste est aussi au cœur de *Last Days on Mars* (Ruairi Robinson, 2013). La logique est celle d'un récit de *hard science*, avec une représentation la plus crédible possible de la première base sur Mars, assemblée par la première expédition à atteindre la planète rouge. Les terriens sont confrontés à la contamination par un agent présent dans le sol étranger, d'une façon pas forcément si différente, sur le fond, de ce qu'il y avait dans le *Ghosts of Mars* de John Carpenter. Si les espaces ne sont pas irrémédiablement confinés comme ceux d'*Alien*, cela reste néanmoins un huis clos, et surtout un film catastrophe d'honnête facture. L'équipe *Aurora/Tantalus* y est montrée comme désabusée et pressée de rentrer.

L'originalité du film (sa seule originalité, d'ailleurs, vu que nous sommes en présence d'un thriller à la structure plus que classique), c'est de se situer à la fin de la période de mission, sans montrer ni le voyage ni le débarquement, coupant court d'emblée à toute tentation épique. Plus que par le désir de savoir, les chercheurs y semblent motivés par le souci de laisser une trace, de faire la découverte qui assurera leur immortalité au royaume des sciences. C'est ce désir impérieux qui amènera Marko à tricher avec les règles pour prélever un dernier échantillon qui lui sera fatal. Et l'on revient aux vieux mythes de Phaéton et d'Icare, à l'hubris, à cette terrible chute qui attend ceux qui tentent de se hisser au niveau des dieux. Quand une planète effectue une révolution, elle finit par boucler la boucle, et il en va de même avec les manières de raconter. Nous voilà revenus à notre point de départ, avec la même morale à l'histoire.

C'est une tendance de fond dans le cinéma contemporain : le voyage dans l'espace y est réduit au rang de week-end gastronomique dans les Hamptons avec le docteur Lecter. Mais sur le fond, c'est même pire. Le premier voyage est un voyage qui tue, alors que dans *Alien*, tout était fait pour montrer au spectateur que la liaison effectuée par le *Nostromo* et son équipage était tout ce qu'il y a de plus routinière. L'horreur arrivait au hasard d'un détour imprévu sur un chemin balisé, sur le proverbial « raccourci que jamais il ne trouva ».

MY LEFT FOOTAGE

Le fonds conspirationniste devenu *mainstream* depuis *X-Files* frappe à nouveau avec *Apollo 18* (Gonzalo Lopez-Gallego, 2011), racontant une mission secrète de la NASA pour le compte du Département de la défense, et non révélée au grand public à l'époque. Le film se présente comme des archives secrètes « *leakées* » récemment. Il

Après les mécecins spécialisés dans les maladies tropicales, aurons-nous besoin un jour de médecins exologistes ? (Illustration de Vaughn Bode pour *Unknown*)

s'agit bien entendu d'une fiction, la « pétition de réalité » en ouverture étant un des clichés des films employant le parti pris du *found footage*, ce qui était déjà le cas de *Cannibal Holocaust* (Ruggero Deodato, 1980) ou du *Projet Blair Witch* (*The Blair Witch Project*, Daniel Myrick et Eduardo Sanchez, 1999).

La reconstitution d'un vol Apollo est très réussie, et le module soviétique d'alunissage découvert par les astronautes est fidèlement reproduit d'après l'engin conçu par Korolev à l'époque, mais qui n'avait jamais fait le voyage du fait de l'accident survenu à la fusée N-1. La mise en scène est par contre un peu plus problématique, certains des effets de montage, de cadrage et de photographie entrant parfois en contradiction avec l'aspect « archives » revendiqué.

Mais décrocher la Lune, ça fait vraiment *summer of love*. C'est le passé, et un passé lointain en plus de ça. Il faut à présent aller plus loin. Sur Europe, par exemple.

Europe, satellite de Jupiter, est un des endroits les plus fascinants de notre système solaire. Si Europe est recouverte de glace sur toute sa surface, cette épaisse banquise pourrait bien dissimuler des océans d'eau liquide, et des sources chaudes, l'équivalent des fumeurs noirs de nos propres mers, dont on sait qu'ils sont des oasis de vie. Alors, y a-t-il des organismes sur Europe, si rudimentaires puissent-ils être ? C'est la question que se pose la communauté scientifique depuis quelques décennies, et une sonde est d'ailleurs en chantier pour aller le vérifier dans la décennie à venir. Et donc, dès *2010*, la fiction en avait fait un sujet. Il faut dire que l'endroit reste à ce jour le candidat le plus sérieux à l'hébergement d'une vie extraterrestre qui nous soit à la fois accessible et compréhensible.

Loin de tout, Europe est un havre pour la vie… Mais pas pour la nôtre, non.

C'est pourquoi elle s'est retrouvée à servir de décor à *Europa Report* (Sebastiàn Cordero, 2013) censément une compilation du signal émis par les caméras du vaisseau *Europa One*. Le vaisseau a perdu le contact avec la Terre au cours de sa mission vers Europe, mais l'équipage n'a finalement disparu que plusieurs mois plus tard. Le *found footage*, en l'espèce, c'est le signal ultracompressé que les membres de l'expédition parviennent finalement à envoyer vers la Terre. Il y a bien de la vie sur Europe, mais sa nature et les conditions locales hostiles semblent la rendre incompatible avec la technologie humaine. Et accessoirement avec la présence des astronautes. Leur transmission est le dernier signe de vie dont ils soient capables, avant d'être détruits sans rémission.

Europe est aussi l'objectif de *Life One* dans *Astronaut : The Last Push* (Eric Hayden, 2012), mais le vaisseau pourrait bien ne jamais l'atteindre. Heurté par une micrométéorite en début de mission, il tente un retour en catastrophe avec un membre d'équipage en moins, sur les deux qu'il embarquait au départ. La solitude pousse graduellement le survivant vers la folie.

Si ce film n'est pas exactement basé sur le principe du *found footage*, tous les dialogues se font par le truchement du système de communication, avec le délai que supposent ces distances. Le reste du temps, l'astronaute Forrest est confronté au silence glacé des espaces infinis, que la routine et les travaux qu'il s'impose ne parviennent pas tout à fait à meubler. D'autant qu'il refuse le réconfort que pourraient lui apporter les messages de soutien envoyés par la population terrestre, de peur qu'ils ne soulignent l'absence pesante de contact humain direct.

De ces trois films, *Astronaut* est sans doute le plus honnête dans son écriture, et surtout celui qui met le plus l'accent sur l'aspect aventure humaine, sur le fait de dépasser le risque et de surmonter la difficulté. En termes de production, c'est un petit film, une série B complètement fauchée réalisée par un spécialiste des effets spéciaux, mais le récit travaille tout du long sur cette notion de huis clos absolu que représente un module d'habitation spatial isolé de tout par plusieurs minutes-lumière de vide. À l'arrivée, malgré les moyens réduits (mais exploités au mieux), c'est celui qui essaie de toucher au plus près la réalité psychologique d'une mission de ce genre, jouant sur des plans spatialisés d'une façon assez kubrickienne, centrés sur un hublot qui ne donne sur rien, ou presque, sur une absence qui devient obsédante. Dans ce micro-univers infiniment isolé, la moindre rupture du silence est un motif d'angoisse. Mais la moindre lumière provenant de l'extérieur devient aussi quelque chose à quoi se raccrocher.

Le traitement du *sense of wonder* est intéressant, dans *Astronaut* : par opposition à ce que pratique James Cameron dans *Avatar*, avec une description détaillée et explicite de mondes étranges vers lesquels on s'avance au mépris du danger, ce sentiment est ici complètement intériorisé, renvoyé à l'implicite. Forrest, malgré tout ce qu'il lui arrive, malgré la solitude et l'enfermement, s'y raccroche comme à une porte de sortie. D'une certaine façon, il déploie un univers intérieur pour compenser l'exiguïté de l'univers qui lui est réellement accessible. Les mondes qu'il compte explorer sont ici traités sur le mode de l'anticipation, au sens propre du terme : celui de l'attente et du désir, qui sont le moteur fondamental de toute exploration.

Mais Forrest est, de nos jours, une exception. Ses collègues sont souvent confrontés à des horreurs indicibles, à des monstres tapis dans l'ombre, à des choses qui ne semblent avoir pour but que de les détruire. À présent, l'horreur et la mort deviennent consubstantielles de l'avancée vers le grand extérieur, en une époque où les saints Graal de la société sont le zéro mort et le risque zéro, et où la prise de risque physique, qu'elle soit le fait de l'alimentation, des habitudes de vie, du tabac ou autres, est frappée de réprobation morale. L'aventure humaine et le *sense of wonder* sont souvent mis de côté et niés, alors qu'ils étaient encore les moteurs d'un *Mission to Mars*. Malgré toutes ses protestations d'ouverture, la culture contemporaine est visiblement en phase de repli, et ce sont les cultures parallèles les moins exposées à la dictature de l'audience et des studios qui parviennent encore à rêver d'espace, le roman et la bande dessinée, notamment.

Oui, décidément, ça sent la fin. On plie les gaules, les enfants, et on rentre !

CONTAMINATIONS

La question de ce que l'on rapporte de l'espace a été plusieurs fois posée, que ce soit par les agences spatiales ou les récits de science-fiction. Le problème est réel : on sait que les échanges intercontinentaux ont déclenché de terribles épidémies par le passé, par exemple les épidémies de variole qui ont décimé les Indiens d'Amérique du Nord. Leur système immunitaire n'était pas préparé à affronter un virus auquel les Européens avaient eu des centaines de générations pour s'habituer. Le problème pourrait se poser d'une façon encore plus aiguë avec des micro-organismes non terrestres, auquel nul sur Terre n'a jamais pu être exposé auparavant. Bien plus récemment, le Covid nous a rappelé la fragilité d'un ordre international basé sur des échanges frénétiques, et celle d'une culture scientifique très mal partagée.

Mais si de nombreux récits ont joué sur une contamination par des microbes ou par des organismes plus volumineux (comme l'embryon implanté dans la série *Alien*), nombre d'autres se sont développés sur un plan plus métaphorique.

La notion de contamination peut alors se superposer à celle de possession. Le cosmonaute revenu de l'orbite ou d'une autre planète est alors porteur d'une entité qui le rend différent. Ce thème est récurrent dans la science-fiction depuis des décennies et a donné lieu à des œuvres fortes : tous se souviennent du terrifiant Palmer Eldritch, revenu de la constellation du Centaure avec une drogue étrange qui est aussi une entité conquérante (*Le Dieu venu du Centaure*, *The Three Stigmata of Palmer Eldritch*, Philip K. Dick, 1965). Dans « Racines sur la très belle », de Michel Calonne, le débarquement sur un monde en apparence hospitalier tourne au cauchemar quand les astronautes remontent à bord de leur vaisseau porteur d'une maladie qui les végétalise, et qui conduit à sacrifier tout leur astronef. Cette solution expéditive reviendra très souvent.

Dans *Les Enfants de la Lune* (*The Moon Children*, Jack Williamson, 1972), par contre, ce sont les enfants de ceux qui reviennent de la Lune qui sont subtilement différents, et semblent au service d'une cause qui dépasse l'humanité.

Si les *Fantastic Four* ramènent eux aussi quelque chose de l'espace, ils ne sont pas les seuls super-héros dans ce cas : la Russe Adriana Tereshkova, alias Void, dans la série *WildC.A.T.s* de Jim Lee, était une cosmonaute affectée aux programmes Saliout, qui fut mise en contact avec une force voyageant dans l'espace-temps. Elle y gagne le pouvoir de se téléporter à volonté, mais devient en contrepartie inhumaine et glaciale.

Au cinéma, ce thème permet de créer des ambiances pesantes avec finalement assez peu de moyens. L'idée est celle qui présidait aux diverses versions de *L'Invasion des profanateurs* (tirées du roman de Jack Finney, *The Body Snatchers*, 1965) ou des divers *The Thing* (inspirés de la nouvelle *Who Goes There ?* de John W. Cambpell, 1938), voire, d'une certaine manière, dans *Stalker* (*Piknik na obochine*, Arcadi et Boris Strougatski, 1972) une contamination venue de l'espace sans intervention humaine. Mais si dans ces visions datant des années 1950, la contamination est le fait de créatures extraterrestres débarquant sur Terre, beaucoup de films jouent sur le fait qu'en accédant à l'espace, l'astronaute s'est exposé à quelque chose, qu'il ramène, au risque de la santé des siens. L'image de la fatalité ou de l'hostilité du monde extérieur fait place à une pure malveillance que l'homme s'en va titiller. Dès lors, il devient responsable de ce qui lui arrive par la suite, ayant franchi ses limites assignées par la nature. Icare n'est jamais très loin...

Un exemple type de contamination due à une forme d'hubris est *Intrusion* (*The Astonaut's Wife*[77], 1999) dans lequel Johnny Depp revient changé, possédé par une entité qui ira ensuite imprégner son épouse pour lui faire produire des enfants différents.

Aussi insidieux que les virus et autres esprits extraterrestres qui s'infiltrent dans les cosmonautes, ce thème paranoïde se retrouve dans bien des films récents dont il a déjà été question, où il devient quasiment le thème fondamental : *Ghosts of Mars, Threshold* (Charles Bowman, 2003), *Last Days on Mars, Pandorum* (Christian Alvart, 2009) ou *Prometheus* jouent très fortement sur cette ficelle.

Si le risque de contamination par des germes extraterrestres (et à l'inverse, le risque de contamination de milieux extraterrestres par nos germes à nous) existe probablement et est très sérieusement pris en compte par les agences spatiales, le traitement horrifique qui en est fait n'est jamais totalement exempt de réprobation morale : la contamination reçue dans le ciel se retrouve à recouvrir la vision du Sida comme châtiment divin, châtiment des fautes tel que le représentent les fondamentalistes protestants qui donnent de la voix en Amérique.

Les routiers d'*Alien* avaient pour eux l'excuse d'avoir été manipulés par une compagnie avide et sans scrupule, responsable de leurs déboires. Ce n'est pas toujours le cas.

---

77 À ne pas confondre avec *La Femme du cosmonaute* (Jacques Monnet, 1988) dans lequel Victoria Abril profite des absences orbitales de son mari pour prendre du bon temps.

VOIX DISCORDANTES, TRAITS DE CRAYONS ET CAMÉRAS VOYEUSES

Il convient ici de nuancer le pessimisme des lignes précédentes. Si le cinéma américain a un impact culturel qu'on ne peut nier, Hollywood n'est pas le monde, ni le cinéma la seule culture de masse. La bande dessinée, moins soumise aux lourds impératifs économiques et aux pesanteurs de décision, peut facilement proposer d'autres choses[78]. La moindre planète au décor insolite et grandiose, au cinéma, peut coûter des centaines de milliers de dollars à concevoir. En bande dessinée, il suffit d'une feuille de papier, d'un crayon et d'un peu de temps passé à faire interagir les deux.

Le Britannique Warren Ellis[79] est un bon exemple de ce que permet de créer ce médium lorsqu'il est bien employé. Plus qu'un scénariste de BD, c'est un auteur de science-fiction, même si celle-ci n'est qu'un des aspects de sa production. Ses récits relevant du genre tapent dans toutes les directions : anticipation, rétrofuturisme, *space opera*, et parfois tout cela en même temps. Sa série *Transmetropolitan* rivalise avec les grands classiques du *cyberpunk* et c'est peut-être ce qui s'est fait de plus ambitieux en BD dans ce genre particulier.

Des vaisseaux dans le plus pur style Dan Dare pour un débarquement lunaire au nom de sa Gracieuse Majesté. (Ministry of Space, dessins de Chris Weston)

78 Ce n'est pas pour rien que les deux plus grands éditeurs américains ont été intégrés à des groupes de médias, auxquels ils servent de service R&D pour le meilleur et le pire.

79 Depuis le moment où ont été écrites ces lignes, Warren Ellis a été sous le feu des critiques pour ses comportements toxiques en privé et s'est mis en retrait pendant quelque temps.

Ce qu'on appelle parfois sa *trilogie spatiale* est un ensemble hétéroclite, par le format, le dessin et les éditeurs, d'histoires publiées au début des années 2000. Ces trois récits ont pour sujet commun la conquête de l'espace envisagée sous divers angles. Il faut dire que l'auteur revendique hautement d'être un *space geek*, un amateur de la conquête spatiale qui regrette qu'elle ait été prématurément enterrée à l'issue de la course à la Lune.

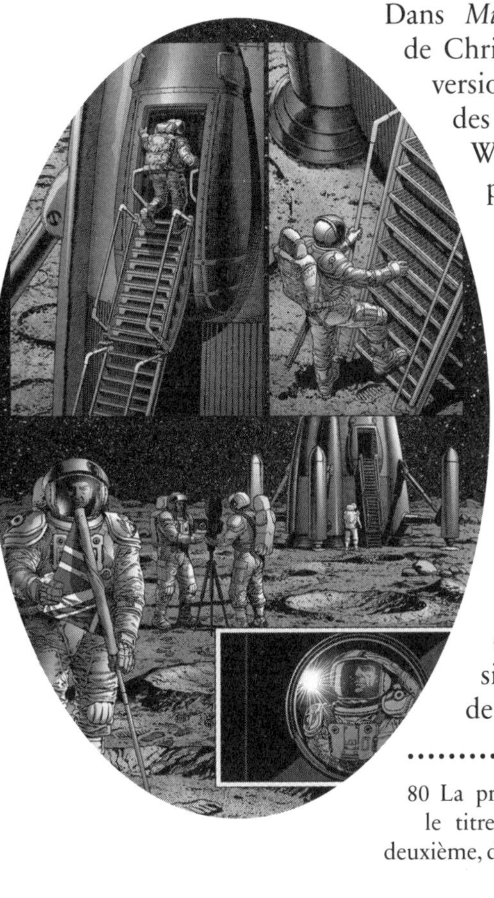

Dans *Ministry of Space*[80] (dessins de Chris Weston), il imagine une version alternative et uchronique des débuts de l'astronautique. Wernher von Braun (qui n'est pas nommé, mais reste tout à fait reconnaissable) a été récupéré non pas par les Américains, mais par l'Angleterre, qui a une vision peut-être plus romantique des choses. Le prix éthique et humain reste néanmoins colossal, car le maintien d'un empire colonial capable de damer le pion aux grandes superpuissances de la seconde moitié du XXe siècle ne peut que nécessiter de terribles sacrifices. Autant

80 La première édition française portait le titre de *Ministère de l'Espace*, et la deuxième, de *Royal Space Force*.

qu'un réquisitoire contre certaines façons de mener la « realpolitik », la minisérie peut aussi se lire comme une sorte de *Spécial Origines* grinçant du monde de *Dan Dare, Pilot of the Future*, le classique du *space opera* britannique, dont elle convoque l'imaginaire visuel.

Orbiter (2003, dessins de Coleen Doran) est une histoire, qui pourrait à première vue sembler classique, de premier contact. L'espace, passé l'élan initial, est redevenu inaccessible après un accident, la disparition corps et bien d'une navette spatiale. Pourtant, unc navette perdue revient, étrangement transformée, tout comme le dernier survivant de son équipage, par une rencontre dans l'ailleurs[81]. L'ambiance est aigre-douce, mais le récit délivre un espoir final accompagné d'une leçon : si l'humanité veut atteindre les étoiles, elle devra se transformer. La sortie du berceau prophétisée par Tsiolkovski doit s'accompagner d'un passage à l'âge adulte, d'une émergence de l'homme hors de sa chrysalide. Mais en ce cas, ce qui partira à l'aventure dans l'univers sera-t-il encore humain au sens où nous l'entendons ?

Ce roman graphique présente aussi une image très forte en forme de métaphore : l'ancienne base des fusées, à Cap Canaveral, s'est transformée en un vaste bidonville crasseux, en un cimetière d'espoirs. L'image renvoie directement à J. G. Ballard et à « La Cage de sable » (*The Cage of Sand*, 1962), nouvelle écrite au plus fort de la

81 Rencontre qui n'est pas sans évoquer celle des « Four », les Quatre, dans *Planetary*, autre série du même auteur. Les Four y sont une variation noire et cynique sur le thème des Quatre Fantastiques, une parodie grinçante renvoyant directement à la Guerre froide et à sa paranoïa institutionnelle, ainsi qu'au recyclage des scientifiques nazis dans le cadre de *Paperclip*.

course avec les Soviétiques, qui se situe déjà dans l'après, avec une base abandonnée aux éléments.

C'est d'ailleurs aussi sur cette idée qu'Ellis bâtira par la suite la série *Ignition City* (2010, dessins de Gianluca Pagliarani) racontant la déchéance des grands héros de *space opera* des années 1920 et 1930, renvoyés à leur condition première de rampants dans un monde qui ne veut plus rêver aux autres planètes. Ceux qui lèvent encore la tête se retrouvent marginalisés et ridiculisés par leurs contemporains, gouvernés par une peur atavique des colères du ciel.

Ocean (dessins de Chris Sprouse) est un peu mal aimé. Une structure de récit qui semble taillée pour Hollywood et une fin un peu rapide ont déstabilisé les lecteurs habitués de la part de cet auteur à des scénarios plus sophistiqués. Pourtant, c'est paradoxalement ce volet qui reste le plus accessible, le moins marqué par les obsessions métaphysiques et politiques d'Ellis. Elles sont ici renvoyées à l'arrière-plan, sans disparaître toutefois, pour creuser une veine thriller technologique qu'il a développée par ailleurs, dans certains passages ses polars et de ses récits *cyberpunk* comme *Transmetropolitan*, *Reload*, *Mek*, ou *City of Silence*. Pourtant, c'est aussi là que le Warren Ellis « *space geek* » est le plus visible. Les tirades du héros concernant le programme Apollo, par exemple, sentent le vécu : elles renvoient directement au amateurs obsessionnels collectionnant tout ce qu'ils pouvaient trouver sur le sujet à une époque où il y avait encore vraiment des hommes sur la Lune. Les aspects *hard science* de l'histoire sont maîtrisés et la démesure des enjeux contraste efficacement avec la petitesse des ambitions humaines : les entreprises de l'économie numérique qui se tournent vers l'espace n'y voient qu'une ressource de plus à exploiter.

Cet ensemble thématique et pourtant disparate offre un panorama assez complet des tensions d'une époque : les rêves ont fini par se cacher sous une couche épaisse de cynisme ; le feu couve sous la cendre, et il ne faut pas l'étouffer. Il faut parvenir à conserver le *sense of wonder*.

Dans un ordre d'idées similaire, le manga *Space Brothers* (*Uchu Kyodai*, Chûya Koyama, débuté en 2013) renouvelle le vieux cliché des rivalités pendant le dur entraînement de l'astronaute. Le protagoniste, Mutta, intègre l'agence spatiale japonaise pour réaliser un rêve de gosse, mais surtout pour se reconstruire. Nanti d'un caractère de cochon, il a eu la mauvaise idée de mettre un coup de boule du plus pur style Zidane à un manager autoritaire et crétin et s'est fait virer séance tenante de l'entreprise de construction automobile (emploi terre-à-terre s'il en est) pour laquelle il travaillait.

Contraint de retourner vivre chez ses parents, il se retrouve confronté à l'ombre envahissante de son petit frère Hibito, le héros de la famille, celui à qui tout réussit. Hibito est en effet devenu astronaute, et sera probablement l'un des premiers Japonais à poser le pied sur la Lune. Pour Mutta, reconquérir son honneur de grand frère passera forcément par l'intégration du corps des astronautes, et la participation à la première expédition vers Mars ! Mais être le grand frère d'une vedette peut vite devenir très gênant, surtout quand plusieurs dizaines de candidats participent à l'entraînement dans l'espoir de décrocher une des trois places disponibles…

Avec beaucoup d'humour, Koyama parvient à jouer de tous les passages obligés, désamorçant quelques-uns des plus gros poncifs du genre. La starification des conquérants des étoiles devient prétexte à une interrogation sur le pourquoi du dépassement qu'ils représentent. Si Mutta s'inscrit par principe dans des faisceaux de rivalités

Les *Space Brothers*, un doué à qui tout réussit... Et un raté pas si raté que ça, finalement...

(avec son frère, avec ses compagnons de sélection), il est incapable de totalement intérioriser le mental du « *winner* », mythe contemporain popularisé par les manuels de management. Mutta part perdant, et il est douloureusement conscient des qualités des autres, sans se rendre compte que son entêtement borné et son empathie sont des éléments jouant en sa faveur : il n'a en fait pas grand-chose à perdre, pas même son amour propre. Le dépassement de soi, dans un tel contexte, prend un sens curieux. Ce n'est ni la capacité physique qui fait défaut, ni probablement même la volonté : elle est ici ramenée à sa forme la plus basse de l'entêtement borné. La clé de tout reste la capacité à rêver en levant la tête.

Les caractères des personnages sont particulièrement mis en évidence lors d'une des séquences de sélection : des équipages sont constitués, et enfermés en conditions réelles dans des caissons reproduisant l'architecture interne d'un vaisseau en partance pour Mars, sous la surveillance constante, par caméras interposées, des psychologues de la JAXA, l'agence spatiale japonaise. Si la ressemblance avec un studio de télé-réalité saute aux yeux, ce n'est bien évidemment pas innocent. Épreuves retorses, clash, subtiles humiliations, votes pour déterminer qui est éliminé ou pas, tout y passe. L'ensemble de ces chapitres utilise la dramaturgie très particulière de la téléréalité pour la retourner : les jeux télévisés sont une compétition visant à éliminer le voisin, alors que les experts de la JAXA cherchent à tester la solidité de groupes qui doivent fonctionner en vase clos et en parfaite harmonie pendant plusieurs mois, en étant capable de trouver des solutions efficaces aux problèmes qui surgiront fatalement en chemin.

L'apologie du rêve de gosse qui se réalise. Et pendant ce temps-là, au moins, ils brûlent pas des bagnoles.

Une fois les épreuves surmontées et les élus débarqués sur la Lune, si le danger est présent, c'est justement la cohésion du groupe et l'assemblage des compétences qui permettra l'accomplissement des diverses missions.

TÉLÉ OU RÉALITÉ, IL FAUDRA BIEN CHOISIR UN JOUR

Ce fonctionnement en téléréalité, qui correspond aux paradigmes médiatiques de notre temps[82], n'est pas spécifique au manga de Chûya Koyama. Il s'est retrouvé au cœur du projet *Mars One*, bien réel, lui (d'un certain point de vue), du Hollandais Bas Lansdorp : il s'agissait de sélectionner un groupe de colons prêts à vraiment partir sans retour pour Mars, et de financer l'expédition en en faisant une téléréalité à tous les stades de l'entraînement puis du voyage. Plus de 200 000 candidats s'étaient inscrits pour tenter l'aventure, dont le nombre a été réduit à 700 après les premières sélections avant d'arriver à 24 élus.

Le *business model* était flou, la technologie pas encore au point, et toute l'entreprise s'est rapidement retrouvée donc sous le feu des critiques, la plus virulente d'entre elles provenant des Émirats arabes, dont les autorités religieuses diffusèrent une *fatwa* dénonçant une telle expédition comme contraire à l'Islam[83] : les dangers d'une telle entreprise l'assimilaient à un « suicide pour des raisons non vertueuses ».

Les investisseurs ont fini par se détourner du projet, et c'est là que la télé-réalité est entrée en jeu : l'entraînement et les tests d'isolation auraient pu faire l'objet

82 La téléréalité ne coûte pas bien cher à produire, permet une identification forte avec le public visé et a des retombées sous formes de clashs et de drames repris par d'autres médias, permettant le « buzz ».

83 À l'inverse, le pape François a annoncé qu'il serait prêt à baptiser des Martiens si le cas se présentait.

d'une diffusion de ce genre, mais là encore, les maisons de production se sont méfiées. En 2019, Mars One était officiellement en faillite.

Le fonctionnement inspiré de la téléréalité est également au cœur de la série télévisée *Defying Gravity*[84], diffusée en 2009. Le vaisseau *Antarès* est lancé dans un voyage aux confins du système solaire, sous surveillance constante et panoptique d'une équipe restée sur Terre. Plusieurs paramètres secrets au départ vont modifier l'équilibre psychologique de l'équipage. Si elle n'hésite pas à recourir aux astuces de la télé-réalité, la série échoue à trouver son public : aussi frelatée et écrite soit-elle, la téléréalité doit donner l'illusion du réel, et la nature fictive d'une telle série torpille d'emblée cette illusion. Et suivre un équipage d'élite nuit à l'identification qui est la clé de ce genre de programmes. Le public de *Secret Story* ou des *Anges* n'aime guère les « intellos ».

L'expression américaine « *It's no rocket science* » est significative de ce point de vue : elle affirme comme accessible ce qui n'est pas du domaine de l'envoi des fusées, à la portée du premier imbécile venu. C'est la tendance de fond de notre univers technologique, initiée par Steve Jobs et consorts. La technologie du XXIe siècle sera accessible à tous ou ne sera pas. « On nous avait promis les voitures volantes, et ce qu'on a eu ce sont les 140 caractères », lâchait Peter Thiel, amer. Après avoir lui aussi fondé une *startup* de nouvelles technologies orientées vers la vie quotidienne.

84 À ne pas confondre avec les deux films du même nom, qui n'ont rien à voir.

LE PASSÉ EST UN AUTRE MONDE

Il faut hélas bien le reconnaître, la course à l'espace, qui semblait à l'époque nous montrer le chemin du futur, est à présent chose du passé. L'esthétique *sixties* de plastique blanc que Kubrick mettait en scène dans *2001* ou *Orange Mécanique* a un côté délicieusement rétro et décore de nos jours des *concepts-bars* et des chambres d'hôtel[85]. Et pour parler précisément, un côté rétro-futuriste.

Ce goût pour des décorations provenant d'avenirs non réalisés est révélateur d'un sentiment qui est peut-être la grande nouveauté de notre époque, un sentiment probablement inédit dans toute l'histoire de l'Homme : la nostalgie du futur. Quand dans une publicité Avery Brooks demande en parcourant le pont de Brooklyn pourquoi en l'an 2000 on n'a toujours pas les voitures volantes, il est précisément en train de mettre le doigt dessus.

Le futur est une chose du passé, et les futurs qu'on nous propose à présent sont ceux de *1984* ou de *Minority Report* : des sociétés de contrôle sans échappatoire dont les laboratoires sont les lofts de la téléréalité.

Dès lors, il est tentant de refaire le chemin à l'envers pour essayer de trouver où nous avons divergé de ces futurs qui semblaient si attirants. C'est le propos de l'uchronie et de genres comme le *steampunk*, qui

85 Se réveiller dans un de ces décors en plastique blanc pour voir en face de soi la dalle noire de l'écran de télé 16/9 est une expérience à la fois terrifiante (on se sent très vieux) et déroutante (la dalle est horizontale, et génère donc un sentiment d'anomalie foncière, une véritable dissonance cognitive).

réalisent la course à l'espace ou la robotique dans des temps anciens.

Dans la *Trilogie de la Lune* (notamment le premier tome, *La Lune seule le sait*, 2000) de Johan Heliot, par exemple, notre satellite naturel est devenu un bagne dès l'époque du Second Empire, par le truchement d'une technologie extraterrestre. D'autres récits *steampunk* postulent que les lois physiques telles qu'on les imaginait à l'époque auraient pu permettre de construire des « ethernefs » permettant des translations rapides hors de l'atmosphère, dans des engins considérablement plus élégants que les capsules de la NASA : c'est précisément le thème du *Château des étoiles* (Alex Alice, 2014) qui fait du château de Neuschwanstein le lieu où s'élabore un autre futur, grâce notamment à un cygne de bois et de cuivre infiniment plus élégant que nos lourdes fusées.

L'esthétique générale du *steampunk* fait par essence l'impasse sur le futurisme. Elle refuse le titane et le pétrole, et plus encore l'hydrogène liquide et l'hydrazine. Le rivet et le laiton sont de mise, et le *Nautilus* devient le modèle indépassable. Jules Verne est de retour, l'histoire bégaie, mais elle finit ses mots autrement.

Parfois, d'ailleurs, elle joue sur un mode plus macabre des origines des programmes spatiaux : se souvenant que les meilleurs ingénieurs de la NASA étaient d'anciens nazis, il existe toute une gamme de récits mêlant esthétique du Troisième Reich et vol interplanétaire. Les films *Iron Sky* (Timo Vuoerensola, 2012) s'en amusent, avec Udo Kier en SS de l'espace, mais c'est aussi le fonds de commerce du *comic book Hellboy* de Mike Mignola, particulièrement dans l'épisode *Le Ver conquérant* (*Conqueror Worm*, 2001) dans lequel une capsule lancée d'Allemagne en 1944 retombe vers la terre, contaminée par une entité destructrice.

En une époque manquant de grands récits fédérateurs, ou tout au moins de grands récits positifs basés sur le dépassement de soi plutôt que sur l'écrasement de l'autre, on se rend compte que la crise ne vient pas de l'offre, mais bien de la demande. Ce n'est pas que manquent les nouveaux George Lucas ou Jack Kirby, qui avec *Star Wars* et *The New Gods* cherchaient dans les années 1970 à créer « des épopées de notre temps », mais on les écoute de moins en moins quand ils s'expriment et l'imaginaire est, dans le jargon managérial, un « marché de niche », même si les gros blockbusters à plusieurs centaines de millions, qui dominent l'industrie cinématographique, piochent dans ses codes.

Et c'est quand ils veulent vendre au plus grand nombre que les décideurs ferment les portes de l'ailleurs : le producteur de cinéma est un animal plus sensible qu'on ne le croit, craintif et aussi prudent qu'un chien de prairie, il préfère tenter ce qui marche déjà. Et dans le doute, coller des étiquettes pas toujours adaptées à ce

La fusée Soyouz reste la base du programme spatial russe : Proton est trop dangereuses, Energia trop chère et a été abandonnée, et Angara est encore en cours de développement.

qu'il propose. *Gravity* a été vendu avant tout comme un film catastrophe, ce qu'il est aussi en effet, y compris dans sa gestion de l'intime, mais surtout comme le « nouveau *2001* », ce qu'il est loin d'être, et qu'il ne cherche d'ailleurs peut-être même pas à être. L'époque manque peut-être aussi d'un commandant Cousteau qui mette l'espace à la portée du public avec un *Monde du silence* orbital, mais peut-être est-il trop tard pour ça. La fin des années 2000 essaie de nous faire croire que le moment est passé. L'espace est victime à la fois de son surinvestissement symbolique dans les années 1960, de sa terrible banalisation actuelle, et de la complexité démentielle que représentent les étapes suivantes de son exploration par l'homme.

Mais le silence éternel des espaces infinis n'a peut-être pas dit son dernier mot.

CHAPITRE 7 : ESPACES PRIVATIFS

« Quand l'exploration de l'espace intersidéral prendra de l'ampleur ce seront les multinationales qui mèneront tout. La sphère stellaire IBM, la galaxie Microsoft, la planète aux cafés Starbucks. »
***— Edward Norton dans* Fight Club**

La grande surprise des années 2010 est double : c'est dans un même geste le retour du dard chromé à l'ancienne et la privatisation de l'espace vue comme une modernisation. Les deux phénomènes ne sont pas seulement concomitants, ils sont profondément liés.

Le temps des touristes spatiaux allongeant 50 millions à une agence d'état pour un séjour à bord de l'ISS semble révolu. Des acteurs privés, qui en parlaient depuis la fin des années 1980, se sont emparés du dossier et ont monté des entreprises dédiées. Les quelques centaines de milliers de dollars que coûte un vol sont du *low cost* en comparaison d'un séjour sur une station, mais en contrepartie, le client n'a droit qu'à un saut suborbital, comme les premiers astronautes du programme Mercury. Les milliardaires qui financent ce genre de projets ont une furieuse tendance à se livrer à des concours d'orbites, pour employer un terme technique qu'on nous pardonnera à la vue de la fusée de Blue Origin, entreprise appartenant à Jeff Bezos, fondateur d'Amazon.

La Silicon Valley est la dominée par des *geeks*, fans de technologies abreuvés de science-fiction et d'anticipation. Notons d'ailleurs qu'ils ne font pas toujours, pas souvent même, la différence entre utopie et dystopie : le cauchemar des uns semble être le mode d'emploi des autres pour créer le monde de leurs rêves. Désossage du contrat social, néo-servage, surveillance généralisée, tel est le menu de la plupart de ces capitaines d'industrie d'un nouveau genre, se revendiquant des libertariens mais qui auraient probablement horrifié le vieil Heinlein.

La New Sheppard, du nom du premier astronaute américain (sa fille participera d'ailleurs à l'un des vols), monte à une centaine de kilomètres, ce qui qualifie ses passagers comme étant allés dans l'espace. L'essentiel des passagers est constitué de gens pouvant s'offrir le billet, mais aussi d'invités de prestige.

Fausse bonne idée qui tourne à la fausse note, Bezos a notamment offert un vol au vieux William Shatner, qui a incarné l'héroïque et bravache capitaine Kirk dans *Star Trek*. L'espace à l'extérieur du hublot lui semble froid et mort. Cela le terrifie et à son retour il écrit un texte assez touchant ou, de façon peu habituelle chez lui, il laisse apparaître sa vulnérabilité, évoquant une

Toujours prophétique, Kubrick et son concepteur visuel Robert McCall plaçaient des logos d'entreprises importantes sur les vaisseaux du futur. Dommage que PanAm ait disparu en 1991.

forme de traumatisme, de décalage entre ce qu'il a pu représenter par le passé et ce qu'il vient de vivre.

Il y a une différence entre le fantasme et la réalité, et pour certains, elle est intolérable. Pourtant, le fantasme est un moteur puissant. Il pousse des milliardaires comme Bezos à ces démonstrations de puissance.

Son concurrent numéro un est l'inénarrable Elon Musk, qui avait réussi à se tailler brièvement une image de nouveau Steve Jobs ou de Tony Stark en reprenant l'entreprise de voitures électriques Tesla, mais surtout en devenant le patron de Space X, un des opérateurs du spatial privé. L'entreprise est innovante et tente à l'époque des choses jugées impossibles à l'époque, comme le premier étage réutilisable. Musk lui donne une énorme visibilité. Il rend Space X cool, comme il est précédemment parvenu à rendre désirables les véhicules électriques. Mais les fusées réutilisables, finalement mises au point, et les premières capsules privées[86] à rallier l'ISS, mettant fin à la dépendance américaine envers les Russes pour les vols habités, ne sont qu'une première étape dans le plan.

Car le gros morceau, c'est le Starship. Et oui, c'est un très gros morceau, même. Car cet énorme vaisseau entièrement réutilisable semble sorti d'un récit de science-fiction à l'ancienne. L'ambition, tout comme l'appareil, est démesurée. Des versions du Starship sont pensées pour aller vers la Lune et Mars. Est-ce seulement possible lorsque les projets des agences gouvernementales dans ce domaine sont d'une terrible complexité technique ?

La Nasa l'a néanmoins retenu comme atterrisseur lunaire pour son colossal programme Artemis de retour vers notre

86 Mais financées en bonne partie, comme de juste, sur des fonds publics. Ces entrepreneurs affectent de mépriser l'État, mais sont toujours ravis de le ponctionner au passage.

satellite. Seul problème, il y a du retard à l'allumage. Tout comme l'antique fusée N-1, le Starship repose sur une énorme quantité de moteurs synchronisés. Leur pilotage informatisé permet de compenser dans une certaine mesure la défaillance d'un ou plusieurs d'entre eux. Les premiers vols d'essai se sont tous soldés par des échecs, après des défaillances catastrophiques même lors d'essais statiques, comme lors des remplissages de réservoirs.

Le premier test de vol orbital, en avril 2023, a même endommagé le pas de tir, obligeant à en modifier même la conception. Le test suivant, début 2024, a permis l'accès à l'espace, mais pas le retour sur Terre dans de bonnes conditions. Le concept progresse à chaque tentative, mais n'est pas encore opérationnel. Celui du mois de juin suivant a vu les ailerons fondre en direct, tout en conservant leur capacité de contrôle. On avance, mais on n'est pas encore arrivé.

Le Starship serait-il la version pour notre temps de l'hydravion démesuré d'Howard Hughes[87] ? Pas forcément. Les essais de la Falcon, fusée devenue le cheval de trait réutilisable de Space X, ont été plus que difficiles et le système de retour a demandé une longue mise au point. Chaque test du Starship a été l'occasion de progresser, de réviser des choix technologiques. Mais il devient de plus en plus difficile de tenir pour réalistes les objectifs du projet Artemis. La Nasa a d'ailleurs étudié divers plans B, dont un de Blue Origin. La compétition entre ultra riches fait rage, même aux portes de l'orbite.

87 De façon amusante, Hughes a été le modèle de Tony Stark, personnage d'industriel charismatique des Marvel Comics dont la version cinématographique, incarnée par Robert Downey Jr., semble inspirer nos actuels boss finaux des start-ups.

LIKE A VIRGIN

Le seul de la bande à attirer un peu de sympathie, c'est Richard Branson, non pas un baron de la net-économie mais un milliardaire de la génération précédente, presque à l'ancienne[88]. Avant de se lancer dans l'espace le fondateur de Virgin (qui a opportunément vendu ses groupes de médias et de distribution de musique quelques années avant que la Silicon Valley n'assassine le marché), il s'était déjà taillé une réputation d'aventurier de l'extrême. Records de distance et de vitesse en ballon, traversée de la manche en voiture amphibie, tentatives plus ou moins heureuses de records de vitesse en bateau, il sait occuper son temps libre.

Son système suborbital, le Spaceship Two, est basé sur le même principe que le X-15, mais avec des appareils plus élégants dans leur ligne, car il faut alimenter le fantasme : un avion porteur lâche le module orbital en haute atmosphère, un moteur a combustible solide prenant ensuite le relais. Les passagers peuvent profiter de quelques minutes d'impesanteur dans la cabine évoquant celle d'un petit avion privé. Là aussi, les tests ont été longs et compliqués, un appareil et son pilote ont été perdus en 2014 lors d'un test du carburant. Le premier vol avec des passagers n'a donc eu lieu qu'en 2021. Mais ces voyages ne dépassant pas les 90 km d'altitude ne qualifient pas leurs passagers comme astronautes. Néanmoins, l'expérience est celle du vol spatial, et les clients se précipitent.

88 Bon, il a quand même été conseiller de Margaret Thatcher, son « monsieur poubelles » (mais pas comme le Préfet Poubelle de chez nous). Mais il a depuis mis ses pions dans le développement durable. Par les temps qui courent, c'est peut-être pas si mal.

Il faut dire que ces grandes premières, de nos jours, sont mieux que télévisées : elles sont diffusées en direct via internet, sur la plupart des plateformes et des réseaux sociaux, quelle que soit leur durée, dès plusieurs heures avant le compte à rebours final[89].

Ces diffusions, non contraintes par les horaires et coupures pub de la télévision traditionnelle qui n'en finit plus de se vautrer dans ses travers les plus rétrogrades à base de sujets putassiers et de débats en carton,

89 Il suffit d'un rien pour créer une tradition : tout comme un concert en festival ne serait pas complet sans un drapeau breton agité dans la foule, même un lancement de routine de fusée Soyouz voit dans ses commentaires apparaître des complotistes de diverses obédiences, mais généralement platistes ou convaincus que Neil Armstrong a été filmé en studio par Kubrick.

Symbole du « new space » privé, mais avec une esthétique très « old school » le Starship peine à tenir ses promesses. (image Space X)

réunissent de plus en plus d'aficionados. Quasi tous les lancements y ont désormais droit, mais les plus courus sont ces grandes premières ou dernières : le dernier vol d'Ariane 5 a été suivi de la sorte. Et les sorties du spationaute français Thomas Pesquet ont bénéficié d'une énorme couverture, faisant de lui une vedette à laquelle on consacre documentaires et bandes dessinées. C'est à se demander si, en plus de ses qualités intellectuelles et physiques, il n'a pas été sélectionné aussi pour le capital-sympathie qu'il est capable de générer. Les choses et les enjeux de communication n'ont peut-être pas tant changé que ça depuis Gagarine. C'est de bonne guerre. Après une décennie 2000 assez triste de ce point de vue, il s'agit de susciter des vocations et de faire l'actualité.

GRAAL INTERNATIONAL

Ce à quoi personne ne s'attendait, c'est à une projection privée de *Kaamelott, premier volet*, en gravité zéro. Le spationaute Thomas Pesquet étant fan de la série et se trouvant à 400 kilomètres d'altitude au moment de la sortie du film, il décide d'appeller Alexandre Astier, l'auteur, acteur, compositeur et réalisateur, accessoirement féru d'astronomie et d'astronautique, comme a pu le démontrer son spectacle *L'Exoconférence*. L'ISS ne disposant pas de la Fibre, expédier le fichier vers l'orbite a été long et délicat. Et comme l'équipage était international, la copie en basse définition a été sous-titrée en anglais. On se prend à souffrir en pensant aux traducteurs devant transcrire l'humour si particulier de cet univers, basé entre autres sur des références et des jeux de langage. Il n'empêche que le Roi Arthur et ses compagnons déglingués n'étaient jamais allés si haut pour chercher leur bocal à anchois.

ET LUNE, ET DEUX, ET TROIS…

Apollo, curieusement, portait le nom d'une divinité solaire. Peut-être y avait-il à la clé, à l'époque, une forme de non-dit, comme dans la vieille chanson « Le soleil a rendez-vous avec la lune ». Le nouveau et très ambitieux programme américain, auquel l'Europe participe également, corrige cette incongruité mythologique et s'appelle Artemis.

Histoire d'atteindre la lune, on repart sur le gigantisme des lanceurs. Le SLS est un colosse d'une centaine de mètres de haut, basé pour partie sur les moteurs et les boosters de la désormais antique navette spatiale.

L'énorme fusée devrait desservir une station en projet, Gateway, en orbite autour de notre satellite. Plus petite que l'ISS, celle-ci pourrait devenir le chantier de construction d'un vaisseau martien. On ignore encore à quoi pourrait ressembler celui-ci, même si Space X essaie de placer une évolution de son Starship, équipé d'un module de service encore à concevoir.

L'idée maîtresse, là-dedans, c'est d'utiliser un maximum de technologie éprouvées et utilisées ailleurs, de manière à se concentrer sur ce qu'il reste à développer. Bien sûr, il faudrait que le Starship soit d'ici là passé du rang d'expérience prometteuse à celui de machine fiable et évolutive. Autant dire qu'on n'y est pas encore.

Une bonne partie du matériel du projet, d'ailleurs, a fait l'objet d'appels d'offres, dont certains ont été contestés et d'autres ont été remportés en parallèle par des concepts concurrents. Il s'agit d'avancer vite, et un échec d'un côté ne condamne ainsi pas le programme : on utilise l'alternative, en attendant que les problèmes soient réglés. Car, même en l'absence d'un grand discours à la Kennedy sur la lune avant la fin de la décennie, chacun surveille les voisins, notamment Chinois, qui se dotent de lanceurs lourds et démontrent déjà leur capacité à avancer en solo vers l'orbite et la surface du satellite. Et l'Inde pourrait tirer son épingle du jeu avec des sondes *low-cost*. Le Japon et même des entreprises israéliennes ont lancé des engins de divers niveaux de complexité. Tous ne sont pas arrivés à bon port : la mécanique orbitale et les terribles équations commandant l'emport du carburant permettant de manœuvrer à l'alunissage restent d'un maniement délicat.

C'est un rappel cinglant, tout comme les échecs des tests du Starship, des difficultés qui demeurent dès lors que l'on s'aventure au-delà de l'orbite basse.

CEINTURES, ET PAS QUE D'ASTÉROÏDES

Heureusement, le secteur privé, s'il vend du rêve, subit encore la concurrence des agences traditionnelles, qui distribuent le rêve comme un service public. Mais malgré de nouvelles entrées en fanfare, comme l'Inde et la Chine se hissant graduellement au rang de grandes puissances spatiales, les arbitrages sont toujours difficiles. Relancer un programme lunaire ou martien, même en ayant recours à des « cost killers » comme Space X, et demande donc de budgéter finement. Les expéditions robotisées vers les lunes de Jupiter et d'ailleurs en ont parfois fait les frais. La Nasa sait, depuis les missions Voyager, prolonger la durée de vie de ses sondes et rovers bien au-delà des dates prévues initialement mais cela demeure du bricolage. Percer la glace d'Europe pour aller voir si de la vie se cache en dessous demande des solutions techniques très complexes et très avancées, dont certaines ont été testées à l'occasion de l'exploration de lacs vierges en Antarctique, gisant sous des kilomètres de glace.

Même dévier un astéroïde de sa trajectoire, ce que l'on a tenté avec succès, reste une opération complexe et hasardeuse. Des décennies de films catastrophe et de documentaires sur la fin des dinosaures ont néanmoins convaincu le monde que s'entraîner à ce genre de tir à la cible pourrait peut-être nous sauver la mise. Si le réchauffement climatique et les épidémies n'ont pas la peau de l'humanité avant que ne se présente un caillou de l'apocalypse, bien sûr.

Pour la présence humaine, c'est plus compliqué encore. L'ISS arrivera bientôt en bout de course. Telle la station Mir en son temps, elle commence à montrer quelques signes de fatigues. Si une partie des fuites subies venaient de problèmes humains dans les usines décrépites où l'on assemble les capsules Soyouz, la structure elle-même vieillit. Bien sûr, l'entretien permettra de la prolonger jusqu'au début des années 2030 si tout va bien, mais il sera difficile de la démanteler et de la désorbiter tant qu'un successeur n'aura pas été lancé ou presque. Le futur programme lunaire implique une nouvelle station, Gateway, en orbite autour de notre satellite, un système encore plus cher et complexe à mettre en œuvre que l'ISS. Gatevay devrait servir de marchepied aux explorations lunaires et martiennes, mais il n'y aura pas de marchepied intermédiaire, à moins que les stations privées que plusieurs entreprises proposent ne se réalisent, et le moins qu'on puisse dire est qu'il reste du chemin à parcourir.

Impatiences dans l'azur

D'une certaine façon, *Interstellar* (2014) est le contraire parfait de *Gravity*, et sans doute un film bien plus proche de l'esprit de *2001*. Alors que la Terre devient peu à peu invivable du fait de perturbations climatiques générant des tornades de poussière inspirées du « dust bowl » des années 1930[90], l'humanité a abandonné le voyage spatial pour se concentrer sur les problèmes du jour. Pourtant, Murphy, ancien pilote de la NASA, découvre l'existence d'un programme secret, le dernier, visant à trouver un nouveau foyer à l'humanité. La bibliothèque à la fin du film, représente un développement du temps dans l'espace, exactement comme la chambre de David Bowman, dans *2001*, compressait la durée dans un espace minuscule. On peut noter qu'une interprétation possible des équations de la relativité générale à l'intérieur de l'horizon d'un trou noir voit la place de l'espace et du temps s'inverser. Le temps commence à se comporter comme l'espace et inversement, quoi que cela puisse vouloir dire : les physiciens ne sont pas d'accord sur le sens à donner à ce qui n'est peut-être qu'un artefact mathématique.

Si l'espace n'est pas dénué de dangers, il est ici un objectif désirable, voire vital.

Plusieurs films au cours de la période suivante reviennent sur l'époque héroïque de la conquête spatiale.

En Russie, *The spacewalker* (Dimitri Kisseliov, 2017) est consacré à Alexei Leonov et à la façon dont il a été sélectionné au dernier moment pour la première sortie extravéhiculaire à bord de la capsule Voskhod 2. Le film

---

90 C'est le phénomène qui a inspiré, notamment, *Les raisins de la colère*.

insiste sur les difficultés techniques et humaines de cette grande première.

C'est également un témoignage de la vitalité du cinéma russe. Outre ce genre de quasi-documentaire, représenté aussi par *Salyut 7*, sorti la même année et revenant sur un incident survenu à bord du précurseur de la station Mir, l'imaginaire est à l'honneur dans *Sputnik - espèce inconnue* (Egor Abramenko, 2020), imaginant une infection en orbite.

Aux États-Unis, Damien Chazelle propose *First Man* en 2018, un récit assez glacial et nostalgique d'une époque révolue sur la mission Apollo 11, avec Ryan Gosling dans le rôle de Neil Armstrong. Le point de vue est très immersif, nous mettant dans la peau d'un être réservé, auquel le non-jeu de l'acteur convient bien. Une leçon importante du film est donnée par Armstrong après le crash d'un atterrisseur de test : « nous avons besoin de nous planter ici pour ne pas nous planter là-haut. » Et ce n'est pourtant pas de la logique shadockienne.

L'horreur spatiale reste bien représentée, avec notamment *Life, origine inconnue* (*Life*, Daniel Espinosa, 2017), dans lequel Jake Gyllenhaal, Ryan Reynolds et Rebecca Ferguson affrontent une contamination biologique à bord de l'ISS. L'héritage d'*Alien* se porte mieux hors de la licence qu'entre les mains de Ridley Scott.

Surprenant venant de James Gray, plus connu pour ses polars, *Ad Astra* (2019) combine l'exploration du système solaire et ses dangers avec une réflexion sur la paternité, la transmission et les héritages impossibles, se situant de ce côté dans la continuité de ses thématiques habituelles. Le réalisme technique n'est pas, à l'évidence, sa préoccupation première, il demeure d'une certaine façon dans le domaine de la fable. Pour autant, les designs essaient d'être crédible, et la photographie esthétisante souligne la solitude croissante du protagoniste (joué par Brad Pitt) partant aux limites du système solaire à la recherche de son père (Tommy Lee Jones) disparu en mission.

On ignore si les tests psychologiques réguliers auquel il se soumet plusieurs fois au cours du récit ne concernent que les astronautes ou s'ils sont généralisés à l'ensemble de la population. Probablement : une guerre est en cours et celle-ci s'est même propagée à la surface de la Lune. Ils montrent en tout cas une société malade à laquelle le père a peut-être tenté d'échapper, fut-ce par sa propre psychose. Basés sur l'auto-déclaration, ils semblent échouer à détecter une situation de retrait émotionnel, mais pénalisent le protagoniste dès lors qu'il montre de véritables sentiments. C'est quelque chose qu'on retrouvera dans les tests que subit le répliquant K/Joe dans *Blade Runner 2049*.

Ad Astra semble un commentaire grinçant sur l'imagerie de l'astronaute aux nerfs d'acier, il montre les failles de ce modèle. Le David Bowman de *2001* est montré pour ce qu'il est : un être efficace dans son travail, mais détaché de lui-même. Le jeu et le dialogue intérieur de Brad Pitt en font une sorte de spectre risquant, il le craint, de basculer dans la folie comme l'a fait son géniteur, pourtant héros reconnu de l'exploration spatiale et naufragé de son propre fait, dans sa propre tête.

D'une certaine façon, il fait pièce au Neil Armstrong effacé incarné par Ryan Gosling dans *First Man*, mais aussi à l'astronaute jouée par Sandra Bullock dans *Gravity*, à qui la solitude de l'espace donne la possibilité de méditer et de surmonter ses traumas familiaux.

À la télévision, la série *The Expanse*, adaptée des romans de James S.A. Corey, commence alors que l'humanité s'est installée dans tout le système solaire mais y reste confinée. La colonisation des astéroïdes dans des conditions difficiles a généré de l'exploitation brutale au profit des mondes « centraux », Mars et la Terre, eux-mêmes en conflit. Les tensions sont exacerbées par la découverte d'une « protomolécule » d'origine extraterrestre, clé potentiel d'une expansion humaine dans le reste de la galaxie, mais qui intéresse un acteur privé ayant des fantasmes transhumanistes.

Si beaucoup d'éléments évoquent des cycles de SF romanesque plus anciens, comme *L'espace connu* de Larry Niven ou les *Huit Mondes* de John Varley, tout cela est mis à jour avec des préoccupations très actuelles et de très bons personnages secondaires, pour peu qu'on passe sur le côté bellâtre tête à claques du protagoniste, qui dans un monde idéal aurait dû être lauréat du Prix John Snow six saisons de suite.

Surtout, les manœuvres spatiales sont délibérément conçues pour trancher avec l'esthétique « Star Wars », pour laquelle le modèle était le combat aérien de la Seconde Guerre Mondiale. Ici, les vaisseaux sont construits autour d'un énorme propulseur dont l'accélération prolongée peut mettre à mal la physiologie des passagers et les virages sont effectués à l'aide de verniers pas si différents de ceux d'un module de service Apollo. Cela donne aux scènes de batailles, notamment, un cachet très particulier et une élégance jamais vue.

Plus récemment, depuis 2019, *For all mankind* adopte un parti pris audacieux : repartir de l'échec de la fusée N-1 soviétique en 1969 et en faire une réussite, comme dans la bande dessinée *Jour J*. C'est toute une uchronie qui se développe à partir de là, un genre encore peu exploité au cinéma ou à la télévision. Son créateur, Ronald D. Moore est un habitué de *Star Trek* puis l'un des créateurs de *Battlestar Galactica* au début des années 2000, ainsi que d'*Electric Dreams*, une série d'adaptations de Philip K. Dick.

Par un détour de l'histoire, c'est ainsi que fin juin 1969, Alexei Leonov est le premier homme sur la Lune. De fait, le vrai point de divergence a lieu trois ans auparavant, lorsque Serguei Korolev survit à l'opération qui, dans notre réalité, lui a été fatale et l'a empêché de mener à bien les programmes Soyouz et N-1, avec les conséquences que l'on sait. Cet électrochoc au niveau mondial amène les décennies suivantes à se passer très différemment.

Battue une fois encore, comme avec le premier homme sur orbite et la première sortie spatiale, l'Amérique ne peut pas lâcher l'affaire. Elle doit surenchérir, comme un joueur espérant se refaire après avoir été ratissé à plusieurs reprises.

La série joue avec des événements réels, comme le Boeing sud-coréen abattu par les Russes en 1983 ou les décale, comme l'élection de Reagan qui a lieu 4 ans plus tôt que prévu. Plus elle avance dans le temps, plus le décalage s'amplifie avec notamment l'installation de bases lunaires et martiennes.

Tout n'est pas rose, bien sûr, et certaines saisons abusent du mélodrame, mais cet avenir qui ne s'est pas réalisé installe notre présent sur le banc des accusés.

Le message est clair : en dix ans de temps, l'imaginaire spatial a repris du poil de la bête et est à nouveau associé à un récit positif.

Mais tant qu'il y aura des gens pour y rêver, les étoiles ne seront pas tout à fait inaccessibles.

Le transhumanisme actuel est un peu le côté obscur de la pensée de Tsiolkovski, remis en lumière par la Silicon Valley. Le vieux mathématicien, lorsqu'il parlait de terre et de berceau, considérait que tous ne sauraient gagner les étoiles. Proche d'un mouvement philosophique russe à tendance messianique appelé cosmisme, il pense que les meilleurs seuls seront capables de subir les transformations nécessaires pour atteindre le niveau d'habitants de l'espace. On pourrait d'ailleurs voir le *2001* de Kubrick comme une pure métaphore de cette idée qui a continué à évoluer, voire à muter.

De telles notions, passées à la moulinette libertarienne moderne, peuvent très vite devenir inquiétantes. La sélection des élus ne se fera probablement pas sur des critères humanistes, mais selon ceux d'une méritocratie dévoyée ou pire, d'un eugénisme bien réducteur. On en revient à des films comme *Bienvenue à Gattaca.*

Atteindre les cieux a toujours été une entreprise prométhéenne. Les nouveaux capitaines d'industrie issus de la Silicon Valley semblent avoir une idée derrière la tête et elle n'est pas réjouissante. Les mêmes qui se font creuser des bunkers de luxe à plusieurs millions et se demandent s'ils pourront assurer la fidélité de leurs agents de sécurité en cas d'effondrement de la civilisation et donc de fin de la monnaie telle que nous la connaissons lorgnent désormais du côté de Mars où créer des établissements dont ils seront les grands maîtres.

C'était déjà le principe dans le comic book *American Flagg !* d'Howard Chaykin dans les années 1980. Les élites, notamment économiques, sont parties sur Mars pour échapper à l'effondrement généralisé sur Terre. Pire encore, elles diffusent des messages subliminaux dans des dessins animés populaires pour attiser la violence de gangs motorisés et empêcher toute reconstruction. Le protagoniste, une star de la télé remplacée par un double virtuel, est renvoyée sur Terre pour effectuer son service « militaire » au sein d'une sorte de milice privée déguisée en service public.

Mais il reste plusieurs écueils pas encore réglés. Outre le temps de voyage démesuré, et les propulsions avancées tardent à venir (l'*EM drive*, par exemple, semble ne pas fonctionner du tout[91]). Six mois dans chaque sens, avec un prix au kilo de charge utile se chiffrant en dizaines de milliers de dollars, ça ne permet pas un exode massif.

Le succès de *Seul sur Mars* (*The Martian*, 2015) aura au moins permis au grand public d'avoir une idée des difficultés qu'il peut y avoir à survivre sur un monde étranger. Et encore : si la tempête qui lance le récit est exagérée (la pression atmosphérique faible de Mars ne permet pas ce genre de force du vent), la culture sur un sol dépourvu de toute trace organique nécessitera plus d'intrants que du simple caca, fut-il de Matt Damon. Le milieu est à peine moins hostile que la surface de la Lune.

Les milliardaires comprendront-ils à un moment qu'il n'y aura pas de « planète B » ? En attendant, ils continuent à creuser des bunkers, au cas où.

---

91 Ce système envoyant des micro-ondes dans une cavité creuse aurait été le propulseur parfait, mais il semblait violer un certain nombre de lois physiques. Les premiers essais qui avaient enthousiasmé les chercheurs, mais… cet enthousiasme était prématuré et des expériences dans de meilleures conditions ont démontré que les lois de conservation de l'énergie et de la quantité de mouvement gagnaient toujours à la fin.

L'espace pourrait bien être notre dernier refuge.
(Al Feldstein, 1951)

CHAPITRE 8 : VERS L'INFINI, ET AU-DELÀ !

« Deux possibilités existent : soit nous sommes seuls dans l'univers, soit nous ne le sommes pas. Les deux hypothèses sont tout aussi effrayantes. »
Arthur C. Clarke

Les moyens techniques pour la colonisation de la Lune existent et ils sont tout à fait à notre portée dans leur principe. Les modules d'habitation ne sont pas fondamentalement différents de ceux que l'on met déjà sur orbite dans le cadre du programme ISS. Pour les protéger des rayonnements, on sait qu'on peut les recouvrir d'une bonne couche de poussière lunaire, le régolithe[92], et l'on sait aussi que l'on peut la convertir en un ciment de bonne qualité, permettant de construire des installations souterraines ou semi-enterrées plus ambitieuses que de simples modules pressurisés, à l'aide de système d'impression 3D.

Le nerf de la guerre, comme de juste, c'est le budget, c'est-à-dire la volonté politique. La Russie semble avoir à jamais fait une croix sur la Lune et l'Amérique, qui a évoqué la possibilité de s'en servir comme d'un

92 Le régolithe (ou régolite) pose par contre un problème technique redoutable : sa finesse lui permet de s'infiltrer partout, et il est tout à fait susceptible de générer des troubles analogues à la silicose du mineur. Le problème n'est pas insoluble, les propriétés magnétiques de cette poussière doivent permettre de mettre au point des filtres dédiés, mais il est à prendre en compte.

marchepied pour une éventuelle expédition martienne, a finalement abandonné cette hypothèse.

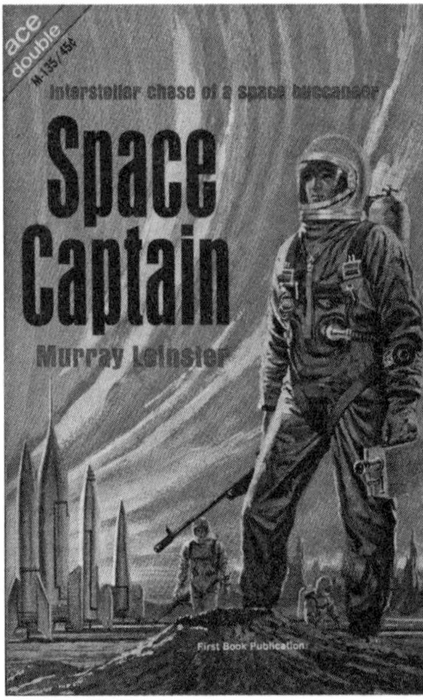

Le temps des pionniers héroïques ne peut être qu'une courte parenthèse. On aura forcément ensuite des pilotes de ligne ou des général Custer. (Gray Morrow, 1966)

La seule grande puissance à actuellement envisager un programme habité vers l'astre des nuits est la Chine, dont le programme semble ambitieux, mais qui reste très discrète à son sujet. Réussir là où la Russie a échoué serait un exploit qui la mettrait définitivement au niveau des États-Unis sur le plan du prestige. Et ce jour-là, l'Amérique n'aura plus d'autre choix pour assurer sa prééminence que d'envoyer un équipage humain vers la planète rouge.

Ce voyage-là ne va pas sans risques spécifiques. Avec les moyens actuels, c'est six mois dans chaque sens, auxquels il faut ajouter le séjour sur place dont la durée est déterminée par les fenêtres de tir pour le voyage retour. Si le maintien en vie d'astronautes dans l'espace sur une longue durée est désormais maîtrisé, le débarquement après six mois de vol sera forcément délicat : quelques semaines d'apesanteur suffisent à réduire la masse musculaire et à fragiliser le squelette. Ceux qui redescendent d'un long séjour en station sont confinés pendant quelques jours dans un fauteuil roulant, une option que n'auront pas les conquérants de Mars.

La solution passe par le maintien en gravité artificielle, soit par une poussée continue pendant le voyage, au prix d'une énorme dépense de carburant, soit par la construction d'un module à rotation centrifuge : c'est le principe popularisé par *2001* et la vision de David Bowman faisant son jogging en boucle.

Le problème du carburant n'en est peut-être pas un : des prototypes de propulseurs à plasma existent, et il semblerait de surcroît qu'en poussée continue, ils permettent de rallier Mars en seulement 39 jours. Mais le principe n'a pas encore été testé en conditions réelles, contrairement au très lent propulseur ionique. Le gros avantage de ces systèmes, outre la pseudo gravité générée par l'accélération et la décélération, c'est que la masse de carburant consommée est minuscule ; ils jouent sur la vitesse d'éjection plutôt que sur la quantité de matière éjectée.

L'autre problème qui risque rapidement de se poser sur Mars, c'est le maintien de la présence humaine. Si une expédition de quelques semaines à quelques mois peut facilement emmener assez de ravitaillement et de moyens techniques de recyclage ou de production, une occupation permanente impliquera des installations plus importantes, ou la transformation des conditions hostiles de la planète.

Une telle transformation, ou « terraformation » est le sujet de la *Trilogie martienne* (*Mars la rouge*, *Mars la verte*, *Mars la bleue*, 1992-96) de Kim Stanley Robinson. Et c'est un travail de titan, se concevant à l'échelle de toute une planète et de plusieurs générations. Une conceptualisation et une ampleur de vue dont, cela va sans dire, nos politiciens actuels sont désespérément incapables. Dans le cadre de notre système solaire, il sera pourtant nécessaire. Si l'on n'a qu'une idée très partielle de la façon de s'y prendre en ce qui concerne Mars, on ignore totalement s'il sera possible de transformer Vénus, qui risque de rester à jamais un enfer sulfurique.

Mais si jamais l'on y parvient, c'est une surface considérable qui pourra recevoir les trop-pleins de population terrestre. Mais comme le souligne l'astrophysicien Neil DeGrasse Tyson, si l'on est en mesure de rendre Mars habitable, la priorité serait plutôt d'empêcher que la Terre ne devienne impraticable pour l'homme.

La terraformation, c'est la réitération du déplacement de la Frontière au temps du Far West, c'est la colonisation de l'espace vierge, et c'est la tentative de reconstruction au point d'arrivée du monde que l'on a quitté. C'est cet esprit qu'on retrouve aussi, sous une autre forme, dans les romans de Philip K. Dick montrant des colons grattant une maigre subsistance sur des sols poussiéreux de Mars ou de monde plus lointains, mais aussi, d'une autre manière, dans les *Chroniques martiennes* (*Martian Chronicles*, 1950) de Ray Bradbury, où la planète rouge transforme subtilement ceux qui s'y installent.

Mais la colonisation permanente, c'est déjà un stade tardif de l'aventure des cosmonautes, qui en signe la banalisation. Si le cosmonaute pionnier qui pose le pied sur un nouvel astre est un nouveau Christophe Colomb, alors les personnages de Dick ou de Bradbury sont la famille Ingalls qui installe et reconstruit une forme de normalité, un ordre social qui n'admet plus les héros.

SOUS D'AUTRES SOLEILS

Mais si l'on veut conquérir l'univers, arpenter les corps célestes les plus proches ne suffit pas, ça ne peut être qu'une première étape, pas une fin en soi. Depuis le voyage de Neil Armstrong et Buzz Aldrin, on l'a vu, la Lune n'est plus un objectif dramatique, elle s'est banalisée. Mars est à présent considérée, de façon encore théorique, comme un objectif réaliste et accessible à l'échelle d'une génération ou deux. Si Jupiter présente un attrait symbolique et scientifique, du fait notamment du potentiel de vie primitive sur ses lunes Ganymède et Europe (et peut-être plus loin, Encelade autour de Saturne), les problèmes posés par un voyage dans sa direction ne sont pas qualitativement différents de ceux posés par une expédition vers Mars. Ce sont ceux les soucis de santé liés au vol de très longue durée, décalcification et perte de masse musculaire, notamment, et le maintien de la gravité par une accélération constante ou un dispositif rotatif, ainsi que la protection face aux rayonnements.

La différence majeure est qu'on ne peut pas se poser sur la géante gazeuse elle-même, et que l'exploration se cantonnera donc à ses nombreux satellites, qui ont de quoi occuper les chercheurs pendant de très nombreuses années.

Non, le vrai défi, à présent, ce sont les étoiles. Les années 2000 ont démontré que les systèmes planétaires étaient la règle plutôt que l'exception, et que des planètes rocheuses en « zone habitable » étaient courantes. Ce qui ne signifie pas à ce stade qu'elles soient réellement habitables, mais qu'il est possible qu'elles le soient. L'exoplanétologie est une science en plein essor, et de nouveaux instruments sont régulièrement mis au point pour affiner nos connaissances des mondes lointains.

Les nouveaux satellites et télescopes orbitaux amènent avec régularité des moissons de nouvelles planètes dont on commence même à spectrographier l'atmosphère lorsque la chose est possible. Et l'on y découvre de l'oxygène, du gaz carbonique, parfois du méthane ou d'autres gaz qui pourraient être des marqueurs biologiques. En plus d'être habitables, ces mondes pourraient être habités pour certains. Les probabilités veulent que ce soit par des micro-organismes, mais quand même.

Pourtant, si les distances à parcourir pour aller planter un drapeau sur Mars ou Io sont colossales, celles qui nous séparent des étoiles les plus proches sont proprement astronomiques. Pire encore, la Relativité einsteinienne nous enseigne qu'on ne pourra a priori pas les rallier à une vitesse supérieure à celle de la lumière. Le voyage se mesurera donc en années, et même probablement en dizaines d'années, quand la mer de la Tranquillité n'était qu'à trois jours de vol de Cap Canaveral, et quand en quittant l'orbite terrestre à Pâques, on peut raisonnablement espérer fêter Noël sur les pentes de l'*Olympus Mons*. À titre de comparaison les sondes *Voyager* mettront quelque chose comme 80 millénaires à parcourir une distance équivalente à celle qui nous sépare d'Alpha du Centaure, et les hommes qui ont battu le record absolu de vitesse d'un vol habité étaient les membres de l'équipage d'*Apollo 10*, avec 11,1 kilomètres par seconde, c'est-à-dire 0,0037% de la vitesse de la lumière. Il y a certes moyen d'aller un peu plus vite que ça, mais quoi qu'il en soit, le voyage ne saurait être tout à fait à échelle humaine.

Le *space opera* a généralement biaisé en inventant des raccourcis de type « hyperespace » ou « vitesse de distorsion ». Mais c'est une astuce, un expédient qui n'a pas de répondant dans le réel. Il existe bien un système théorique, la propulsion Alcubierre, basée sur une déformation localisée de l'espace-temps, mais elle pose encore des problèmes quasi insolubles : elle dépend de l'utilisation de matière présentant une masse *négative*. Si une telle matière semble possible selon certains calculs de haute volée, elle n'a encore jamais été observée. Pire encore, à l'instar du tachyon, cette particule hypothétique qui se déplace à rebours du temps, on ne sait même pas si l'on

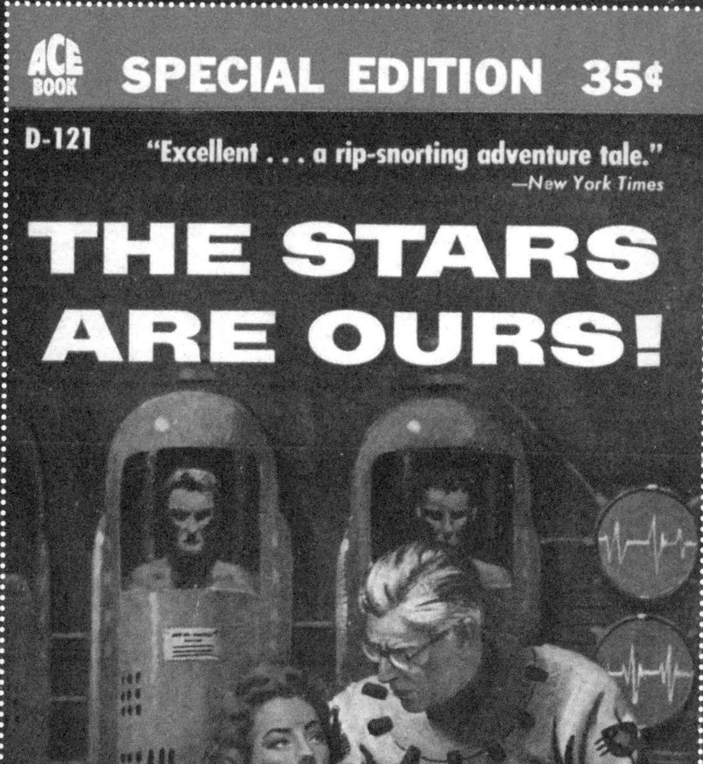

L'hibernacle, une des solutions proposées pour les vols à très longue durée.

pourrait l'observer : il est tout à fait possible qu'elle soit courante, mais que nous soyons tout simplement incapables de la reconnaître et de la quantifier. Les auteurs de *hard science* ont donc cherché d'autres moyens d'envoyer l'homme à la conquête des étoiles lointaines. Petit panorama des méthodes proposées.

Dans *Tau Zéro* (Poul Anderson, 1970), c'est le statoréacteur Bussard qui propulsera un vaisseau vers une étoile proche. Avalant l'hydrogène en suspension dans l'espace interstellaire, ce moteur l'accélère à des vitesses proches de celles de la lumière et génère une poussée, fonction de la vitesse d'éjection et de la masse éjectée. Plus l'on éjecte rapidement la masse, plus grande est la poussée, et moins l'on a besoin d'une masse importante. Mieux encore, à mesure que le vaisseau accélère, il avale plus d'hydrogène et peut donc augmenter la masse d'éjection, ce qui lui permet d'accélérer encore davantage. Mais plus il s'approche de la vitesse de la lumière, plus le temps subjectif perçu par son équipage

Le mont Olympe sur Mars, tellement haut que c'est le seul endroit du système solaire où l'on puisse quitter l'atmosphère, et donc atteindre l'espace… À pied, sans quitter le sol !

se trouve différer du temps s'écoulant à l'extérieur. L'univers alentour s'en retrouve distordu et, à mesure que le moteur s'emballe et se retrouve incapable de ralentir, est de plus en plus déconnecté sur le plan chronologique. Quelques heures dans le vaisseau finissent par représenter des millions d'années sur Terre…

Si tout avait bien fonctionné, pourtant, l'équipage serait arrivé en moins d'une soixantaine d'années (vu de l'extérieur) à destination. Mais aux vitesses impliquées, le moindre incident de parcours peut prendre des proportions dramatiques, et c'est précisément ce que raconte le roman d'Anderson.

La *British Interplanetary Society*, donc Arthur C. Clarke a jadis été le président, propose régulièrement des projets théoriques sérieux, des pistes à creuser pour réaliser un jour le rêve de toucher les étoiles. Le projet *Daedalus* est globalement basé sur les mêmes principes que l'astronef de *Tau Zero*. Le projet *Icarus*, pour sa part, cherche à construire une sonde propulsée par un moteur à fusion, qui mettra longtemps à atteindre sa cible, et demandera un contrôle de très longue durée au sol, mais pourrait tout à fait être en mesure de franchir le gouffre entre les étoiles.

GÉNÉRATIONS PERDUES

Car on peut choisir d'aller moins vite, mais cela empêche alors de profiter de la distorsion du temps subjectif et du paradoxe de Langevin. Si l'on veut envoyer des hommes dans les étoiles, il faut alors prévoir des vaisseaux beaucoup plus gros, mettant plusieurs siècles à parvenir à destination. Se pose alors le délicat problème de la transmission des ordres de mission. Sur plusieurs générations, l'intérieur du vaisseau devient le seul univers connu, et l'extérieur tend à devenir un mythe. L'occupant d'un vaisseau générationnel finit par devenir un cosmonaute qui s'ignore, un Monsieur Jourdain du vol spatial : pour les *Orphelins du ciel* (*Orphans of the Sky*, Robert Heinlein, 1941), le « voyage » du vaisseau n'est plus qu'une métaphore religieuse, une forme d'ésotérisme justifiant les rituels sacrés de la maintenance.

De nouvelles structures sociales se forment, et une nouvelle culture. C'est qui arrive dans *Croisière sans escale* (*Non-stop*, Brian Aldiss, 1958) : l'homme est quasiment retombé à l'âge de pierre dans les entrailles du vaisseau, et doit reconquérir les codes de la civilisation qui l'a précédé. « L'Avant » y demeure un îlot de connaissance, si fragmentaire soit-elle qui permet de comprendre peu à peu les raisons de la déchéance.

L'Univers captif (*Captive Universe*, Harry Harrison, 1969), présente un autre univers clos de ce genre, dans lequel les éléments mécaniques du vaisseau finissent par être réinterprétés en termes de mythologie aztèque, et où ce qui est encore compris de leur fonctionnement fait l'objet de révélations initiatiques.

Dans la pratique, ce type de solution semble peu envisageable, ressemblant un peu trop à un sacrifice désespéré. Mais suivant l'état de notre biosphère, peut-être faudra-t-il y venir.

Reste là encore le problème de la propulsion et de l'alimentation en énergie d'un énorme vaisseau censé voler sur des centaines de milliards de kilomètres.

Une fois tous ces obstacles levés, une fois arrivés sur un sol d'outre-ciel, que faire ? Si le monde est hostile se posera à nouveau la question de la terraformation. S'il est directement habitable, et il semble statistiquement possible qu'on découvre des planètes habitables à moyen terme, ce monde sera le théâtre d'expérimentations sociales inédites : même s'il parvient à garder le contact avec la planète mère, ce contact sera distendu par un *lag* de plusieurs années, le temps que les ondes radio fassent l'aller et retour. Les colons seront livrés à eux-mêmes et devront construire une société qui évoluera dans une direction bien à elle.

Un jour peut-être pourront-ils d'ailleurs rencontrer des êtres qui soient nos égaux tout en étant différents, et alors c'est toute l'histoire humaine qui prendra, peut-être, une direction nouvelle. Et si ce n'est pas le cas, s'il n'y avait personne de l'autre côté du ciel, nos descendants auront à apprivoiser le vertige de Pascal…

Sur la longueur, l'intérieur du vaisseau peut devenir une jungle…

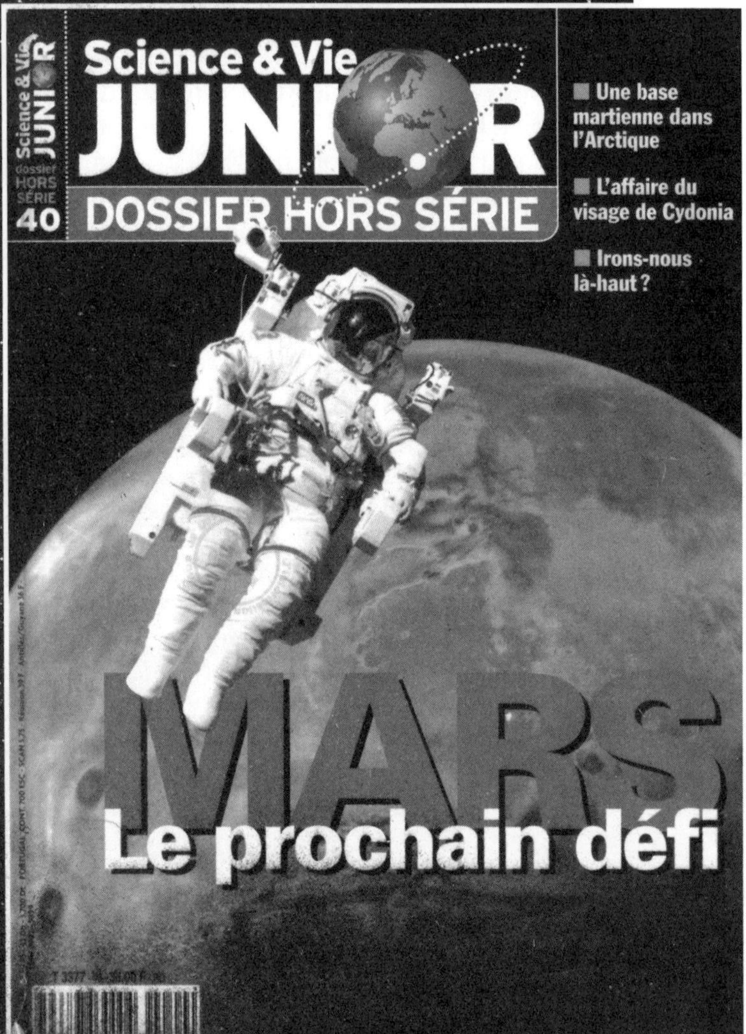

En attendant, il faut garder le scaphandre... Et continuer à réfléchir à la question.

CONCLUSION : TUTOYER LES DIEUX

« Nous sommes tous dans le caniveau, mais certains d'entre nous regardent les étoiles. »
Oscar Wilde (1854-1900)

Alors que le monde devient de plus en plus invivable, à coups de guerres, de sociétés de contrôle, d'aberrations climatiques et de destruction des écosystèmes, l'espace est une partie du problème, tant les lancements peuvent être polluants lorsqu'ils n'emploient pas un mélange oxygène/hydrogène, mais aussi de la solution.

Si la Nasa est prise dans l'écheveau de nombreuses théories du complot, c'est notamment parce que ses satellites sont à la pointe dans l'étude des changements climatiques et que le pétrole n'est pas une source d'énergie qu'elle utilise. On se demande à qui profite le négationnisme en ce domaine, mais faites vos propres recherches.

Un autre domaine, c'est la coopération internationale. L'aventure spatiale peut en effet, et la mission *Apollo-Soyouz* l'avait démontré au départ, servir de passerelle entre adversaires, jeter un pont, permettre de lever les différences pour réaliser des objectifs communs. L'ISS est l'expression la plus récente de ces projets collectifs de grande ampleur.

On pourrait presque dire que l'espace permet de trouver un terrain d'entente, si l'expression n'avait une façon fâcheuse de nous renvoyer au plancher des vaches. Mais on peut aussi la lire dans une perspective beaucoup plus cynique, l'aventure spatiale devenant, après la religion, le

Assemblage de l'ISS. On imagine les travellings que Kubrick pourrait faire sur un engin pareil.

football et la téléréalité, un nouvel avatar de l'opium du peuple, une diversion, un effet de manche. Auquel cas, chaque exploit permettant de marquer des points risque d'être suivi par une crise d'atonie spatiale, tout comme le succès écrasant du programme Apollo fut récompensé par une réduction drastique des budgets et des objectifs.

Le grand public ne voit de l'espace que ses retombées les plus quotidiennes, couches-culottes, GPS ou aliments lyophilisés, tellement intégrées à la vie courante qu'elles se trouvent déconnectées de fait de leur origine épique et cosmique. La mamie qui écoute religieusement la voix lui demandant, à cent mètres, de tourner à gauche se moque bien du fait qu'il faille au moins trois satellites en orbite géostationnaire et un calcul complexe impliquant les mathématiques relativistes pour la localiser à un mètre près et la paumer dans une banlieue quelconque parce que le système n'intègre pas les travaux de voirie en cours. Bébé qui remplit sa couche n'a probablement jamais entendu parler d'Alan Shepard et du programme Mercury, qui pourtant épargnent indirectement à maman une fastidieuse lessive.

L'imaginaire spatial est désormais lié de trop près au réel pour pouvoir totalement s'en affranchir. Il fonctionne dans une interaction perpétuelle avec lui, et même dans un rapport de dépendance. Le réel s'est surimposé à l'imaginaire et, comme souvent dans ces cas-là, il l'a écrasé. De fait, l'aventure spatiale est confrontée à une double injonction de réalisme. Il y a d'un côté les grincheux qui considéreront à tout jamais qu'elle n'est ne l'est pas, réaliste, et iront du coup jusqu'à nier, pour les plus extrémistes d'entre eux, que l'homme ait jamais débarqué sur la Lune. En face, il y a ceux que passionnent les exploits des cosmonautes, qui demandent une fidélité toujours plus grande de l'imaginaire à ce qu'ont pu concocter les bureaux d'étude de la NASA ou de Baïkonour, parce que cette fidélité est un gage de réel, un gage de possible, un gage de réalisation potentielle. Le problème qui se pose alors, c'est qu'un imaginaire qui doit donner une impression de réel s'appauvrit à mesure que le réel le rattrape. Il vieillit d'autant plus vite qu'il est de moins en moins imaginaire à mesure que le temps passe. Les fonctions de l'imaginaire étant entre autres cathartiques, il faut pour qu'il puisse les accomplir qu'il reste imaginaire. Son irruption dans le réel l'abîme irrémédiablement, le stérilise.

2001 était le titre d'un film situé dans le futur mais est, en même temps pourrait-on dire, une date de notre passé. L'odyssée de David Bowman, Hal et du *Discovery* ne représente donc plus un futur, mais un instantané de la vision du futur qu'on pouvait avoir à la fin des années 1960, au moment où Neil Armstrong se préparait à laisser la trace de sa botte dans l'immuable poussière lunaire. Ce futur ne s'est pas réalisé. Et si la dimension d'anticipation prophétique de la science-fiction n'est pas sa raison d'être première, elle est suffisamment importante pour que le grand public finisse par la considérer comme un garçon qui criait au loup.

Double injonction encore : la part de réalisation de l'imaginaire le banalise, sa part non réalisée le condamne. Il se retrouve coincé, écartelé.

C'est peut-être pour ça, entre autres facteurs, que la science-fiction spatiale se trouve supplantée depuis les années 1990 ans par la *fantasy*, en termes de ventes et de cinéma. L'imaginaire ne se concentre plus que très sporadiquement sur l'exploit scientifique en tant que tel, comme chercher la vie, poser des robots sur des mondes lointains ou découvrir de nouvelles planètes. Si l'arrivée d'une sonde sur Mars où en vue d'une comète peut encore faire brièvement les gros titres, ce type d'information est désormais routinière, très vite éclipsée, et tient moins longtemps en haleine que, par exemple, des infidélités présidentielles ou des affaires de dopage dans le sport, pourtant tout aussi routinières sur le fond. La perte d'une sonde sur Mars pourra faire les gros titres, mais pas générer un feuilleton comme l'avait fait *Apollo 13*. « *C'est ce qui arrive quand on envoie un skate-board faire le travail d'un être humain* », nous rappelle Warren Ellis.

Tout se passe comme si la conquête de l'espace n'était plus qu'un divertissement savant et n'était plus en mesure de faire rêver les spectateurs de coupes du monde ou autres Jeux Olympiques qui coûtent pourtant presque aussi cher à organiser.

Le paroxysme de cette tendance semble néanmoins derrière nous. Les années 2000 avaient signé la fin d'une séquence, celle d'une coopération internationale renforcée post Guerre Froide. L'éco-anxiété et la situation de crise permanente des années 2010 pouvaient

Le secteur privé s'intéresse à l'espace, synthèse riche de promesses, avec des capsules comme Dragon, dont une version habitée a été récemment présentée au public.

donner un temps l'impression que l'espace n'était plus une priorité pour personne. Ce n'est pas le cas, au contraire, et le paradoxe n'est qu'apparent. En période difficile, l'esprit cherche des portes de sortie. Alors qu'une partie de la planète s'abandonne aux passions tristes du nombrilisme, de l'égoïsme, du complotisme et de la haine de l'autre, l'espace constitue une porte de sortie si nous abîmons notre biosphère, si nous refermons nos frontières. Il est l'un des seuls moyens accessibles à l'homme pour se dépasser réellement, sur l'air du *Also sprach Zarathustra* de Strauss, évidemment.

C'est, pour le meilleur et le pire, ce que proposent les milliardaires de la net-économie qui reviennent à des aventures industrielles plus classiques dans la forme, mais novatrice dans le fond. Leurs arrières-pensées doivent être prises en compte et leur discours surveillé, mais force est de reconnaître que le prix d'accès à l'orbite s'est effondré en quelques années. Permettant ici encore le meilleur et le pire, les cubesats low-cost accessibles à des projets de recherche universitaire, mais aussi les méga-constellations de satellites de télécoms qui représentent une pollution terrible pour l'astronomie et à terme un risque d'encombrement des orbites basses.

L'intérêt suscité par les photographies du télescope spatial James Webb ou par celles renvoyées précédemment par la sonde New Horizons parviennent à faire rêver. Elles rendent concrètes aux yeux du très grand public des objets incroyablement lointains. La recherche de traces de vie extraterrestres sur les nombreuses exoplanètes et même sur les lunes du système solaire, si elle aboutit à quelque chose de concret, constituera peut-être un électrochoc culturel dont nous avons besoin. La personnalisation des vols spatiaux, comme avec Thomas Pesquet, redonne un visage aimable à l'aventure, comme au temps de Gagarine, tout en projetant l'aura de surhomme des Mercury Seven : même après des vols de six mois, il refuse de débarquer en chaise roulante et, pour cela, s'astreint à un régime d'exercices physiques draconien en orbite.

Bataille d'image que tout cela ? Dans la civilisation actuelle de l'instantané, l'image est le nerf de la guerre, la clé de la survie. Alors que les sondes Voyager sont en train de mourir à près d'un jour-lumière de la Terre, après avoir dépassé toutes les espérances des ingénieurs qui les ont lancées il y a déjà un demi-siècle, le spectacle doit continuer.

L'émergence de chaînes dédiées à l'actualité spatiale sur internet et le succès des diffusions en streaming des lancements, pendant plusieurs heures et sans coupure pub montre que l'intérêt du public est toujours là, de toute façon.

Quel imaginaire pour accompagner cette résurrection du spatial ? *Star Trek* et *Star Wars* ont fait leur grand retour et la science-fiction ne s'est jamais si bien portée sur les écrans. *Foundation* ou *Dune* exploitent un imaginaire de *space opera*. *The Expanse* cherche à projeter un réalisme et une crédibilité méritoires dans sa représentation de la conquête du système solaire et de ses alentours, mais a dû batailler ferme pour tenir six saisons.

Rêver aux étoiles, refuser de leur tourner le dos, c'est peut-être le dernier espace de liberté qui reste, la dernière possibilité d'utopie en devenir. L'humanité aurait tort de s'en priver. Peut-être même est-ce son dernier devoir sacré, quoi qu'en disent Icare et les autres Phaéton. Grandir, quitter le berceau, ou en attendant au moins d'imaginer, de concevoir, de montrer la direction…

En foulant de sa botte le sol de Mars ou de Ganymède, l'homme pourra enfin tutoyer les dieux.

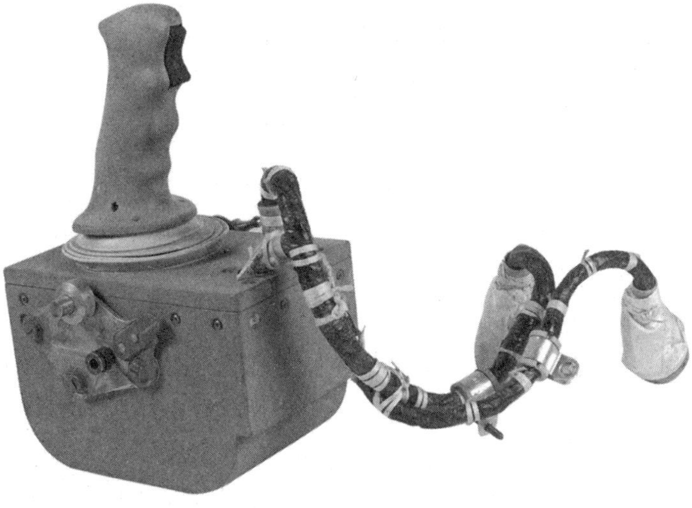

Une manette du LEM d'*Apollo* 15, qui a battu des records lors d'une vente aux enchères.

Les **Moutons électriques**

**Imprimé en Bulgarie,
en juillet 2024**